大科学工程组织的治理结构与治理策略研究

黄振羽　丁云龙　著

哈爾濱工業大學出版社

内容简介

美国将拥有大科学工程的大科学实验室依托于大学管理的大科学工程组织模式，被认为是美国许多世界一流大学崛起的一个关键因素。有鉴于此，自“十一五”规划以来，中国开始借鉴美国的这种“一体化模式”来构建大科学工程组织，以此作为提升大学核心竞争力、培养科研人才和建设世界一流大学的“新举措”。针对中国在实施“新举措”过程中出现的制度冲突与资源争夺问题，本书透视了大科学工程组织的内部治理结构，揭示其内部的治理结构冲突原因和后果，从演化的视角分析了大科学工程组织的变迁方向，探讨了在中国制度情景下构建大科学工程组织的治理策略。基于此，本书主要面向科技政策、科技管理与大学治理方面的研究人员和管理人员等，希望本书能够为读者提供一个新的分析视角和研究思路。

图书在版编目(CIP)数据

大科学工程组织的治理结构与治理策略研究/黄振羽，丁云龙著.—哈尔滨:哈尔滨工业大学出版社,2016.11

ISBN 978-7-5603-6028-7

Ⅰ.①大… Ⅱ.①黄… ②丁… Ⅲ.①科学研究事业-组织管理-研究-中国 Ⅳ.①G322

中国版本图书馆CIP数据核字(2016)第122845号

责任编辑 田新华 王晓丹
封面设计 刘长友
出版发行 哈尔滨工业大学出版社
社 址 哈尔滨市南岗区复华四道街10号 邮编 150006
传 真 0451-86414749
网 址 http://hitpress.hit.edu.cn
印 刷 哈尔滨市工大节能印刷厂
开 本 787mm×960mm 1/16 印张10 字数180千字
版 次 2016年11月第1版 2016年11月第1次印刷
书 号 ISBN 978-7-5603-6028-7
定 价 45.00元

序

大科学工程起源于二战期间的美国,目前已经成为国家科学技术发展的重要基础条件,而大科学实验室则是基于大科学工程建立的实体机构。美国通过依托大学管理大科学实验室而构建的大科学工程组织,被认为是美国许多世界一流大学崛起的一个关键因素。这种组织模式被称为大学与大科学实验室的"一体化模式"。

有鉴于美国的成功先例,自"十一五"规划以来,中国开始借鉴美国的"一体化模式"构建大科学工程组织,作为提升大学核心竞争力、培养科研人才和建设世界一流大学的"新举措"。然而,"新举措"在实施过程中遭遇到两个现实困境,一个是大学与大科学实验室的组织制度冲突,另一个是大科学实验室的资源被大学争夺。我们曾以为,这会否是中国大学过度行政化的又一后果?然而,当观察这种模式近年来在美国发生的转变,我们发现,美国不少著名的大学结束了对大科学实验室的"长期独家占有权",一种新的大科学工程组织模式正在形成,这使得我们对"一体化模式"本身产生了疑惑:如果说"一体化模式"是成功的,作为起源地的美国为什么要试图结束这种模式?更重要的是,正在形成的新模式对于中国"新举措"及其困境而言,是否能带来一些有益的启示?

为此,我们在国内外现有研究成果的基础上,以交易成本理论为核心,导入科层制理论、资源基础观、演化理论以及社会运动有关理论,综合运用理想类型分析、博弈分析、基于面板数据模型的定量分析以及历史分析等研究方法,深入研究了大科学工程组织的治理结构。一方面,这个研究揭示出,导致"新举措"现实困境的重要原因,在于"一体化模式"下的大科学工程组织缺少内在治理结构边界,造成大学与大科学实验室的治理结构冲突,并在大学的资源吸纳机制下,导致了大科学实验室资源趋同于大学的后果。另一方面,通过追溯大科学工程组织在美国的演化史,我们确实得到了一些有益启示,即需要通过创建治理结构边界和创建桥接机制来创新大科学工程组织"混合模式",而要成功实现这样的方案，则涉及更为广泛的社会结构转变和制度变革。在整个演化过程中，可以清晰看到的是，特定的历史因素是“一体化模式”在美国获得成功的一个原因，而路径依赖则使得转变前后的模式在当下共存，解除了人们对“一体化模式”的质疑。基于上述分析，本书立足于中国的制度背景，分析了中国构建大科学工程组织的体制局限与历史局限，给出了四个方面的治理策略，即基于新历史特定性推进治理结构演化、基于独立行政法人创建治理结构边界、基于增量改革创建治理结构桥接机制，以及基于社会工程推动社会结构转变和制度生成。

本书是建立在现有研究基础上的，是这些研究启发了我们的思路，为我们提供理论和方法上的支撑。虽然我们在书中尽可能地说明了这些启发的来源，但难免存在疏忽与遗漏之处，还请读者不吝指正。同时，在本书的写作与出版过程中，我们得到了各方面的支持，包括哈尔滨工业大学“大科学设施专项预研课题”提供基金资助、多位学者前辈的不吝赐教、负责本书编辑与校稿工作的哈工大出版社的编辑部老师，等等，我们在这里也一并致谢。

本书面向大学与政府的科技管理人员，同时，面向从事大学治理、科技政策与科技管理等领域的教学和研究人员。通过本书中的分析，我们希望能够引起关于科研组织边界与科研组织间合作的一些新的思考。

作　者

2016 年 4 月

目　录

第一章 导 论

第一节 研究背景与问题提出

一、大科学工程组织的起源与主要模式

大科学工程是国家科技发展的重要基础条件，是国家科技水平和综合实力的重要体现，也是提高国家竞争力的重要保证，发展大科学工程并依托大科学工程实现科技前沿领域突破，已成为现代科学技术发展的重要趋势[1]。其中，大科学工程是指大型科学研究装置或设施群，例如大型强子对撞机或同步辐射光源，又被称为"集中式大科学""大科学装置"或"国家重大科技基础设施"[2-6]。

追根溯源，大科学工程诞生于二战期间的美国[1]。为了赶在德国之前制造出原子弹，美国决定实施"曼哈顿工程"计划。在这个计划的实施过程中，美国建造了一系列核反应堆和加速器，作为该研究计划的支撑设施。"曼哈顿工程"结束后，核反应堆和加速器并未随之关闭，而是形成了支撑核能发展以及核物理、粒子物理研究长期运行的大型科学研究装置。到了"冷战"时期，发达国家，特别是美、苏两个超级大国，在科学技术领域的竞争日趋激烈，这种竞争突出地反映在大科学工程领域。美国、苏联等发达国家先后推出人造卫星、载人航天、"阿波罗登月计划"等，使大型空基地基接收、发射和观测、试验等大科学工程得到蓬勃发展。当时，作为"大科学"一词的最先提出者，Weinberg 被诸如巨型火箭、高能加速器、高通量研究反应堆之类的现代科技所震惊，以至于一连用了"Large - Scale Science""Big Science"和"Giant Science"来形容这种现象[7]。在普赖斯看来，这些大型科学装置的出现改变了原有的科学研究模式，科学的发展速度、规模、研究方式等迥异于以往的"小科学时代"，而进入到"大科学

时代”[8]。

随着大科学工程的诞生与发展,不同的国家或地区针对大科学工程的管理与运行需求构建了大科学工程组织,逐渐形成了各具特色的大科学工程组织模式。其中,具有代表性的大科学组织模式是欧洲核子研究中心及其多国联合管理模式、德国亥姆霍兹联合会模式、日本的国家高能物理研究所及其独立行政法人模式、美国的国家实验室体系及其依托大学管理国家实验室模式以及中国的依托中国科学院管理大科学工程模式。

欧洲核子研究中心。欧洲核子研究组织(Organisation Européenne pour la Recherche Nucléaire),又被称为欧洲核子研究中心,位于瑞士日内瓦,其研究领域以高能粒子为主,是目前世界上最大的实验室,拥有横跨瑞士和法国两个国家的大型强子对撞机。欧洲核子研究中心采用的是多国联合组织模式,并长期由 SERCO 公司提供专业化的管理服务[9]。

德国亥姆霍兹联合会模式。德国的大科学工程及其研究机构主要隶属于亥姆霍兹联合会(The Helmholtz Association of German Research Centers),是德国最大的科研机构,原名为“大科学中心联合会”,采用“政府所有,政府管理”(Government Owned - Government Operate,GOGO)的学会组织模式,主要是依托大科学工程开展前瞻性的科学研究[9]。

日本独立行政法人模式。在 2001 年以前,日本公共科研机构是政府直属单位,而 2001 年之后,为了更好地激发科研机构获利,明确政府职责,日本的主要公共科研机构(包括拥有大科学工程的机构)转变为独立行政法人,如拥有脉冲散列种子装置和同步辐射装置等大科学工程的日本国家高能物理研究所,其采用的就是独立行政法人模式[10,11]。

美国依托大学管理国家实验室模式。自第二次世界大战以来,美国基于大科学工程建立了国家实验室体系,通过采用“政府所有,政府管理”(GOGO)或“政府所有,合约管理”(Government Owned - Contractor Operate,GOCO)的管理体制,形成了多种大科学工程组织模式,其中,又以起源于二战期间的“曼哈顿工程”将国家实验室放置于大学内管理的“GOCO”模式最为著名,即由研究型大学作为美国国家实验室的合约管理方[1,6]。在中国的文献中,这种模式往往被称为“依托大学建立和管理国家实验室”。同时,因为美国的国家实验室处于大学行政框架内,又被称为“大学内国家实验室”。而在交易成本理论视角下,这是一种建立在大学与国家实验室一体化关系之上的“大科学工程组织模式”。

因此，本书将这种起源于美国的依托大学管理国家实验室的模式称为“一体化模式”。

中国科学院模式。中国的大科学工程起始于“两弹一星工程”。改革开放后，在党和国家的高度重视下，中国对大科学工程的投入逐步上升。“七五”期间，中国投资3.4亿元人民币，建设2项大科学工程；“九五”和“十五”期间的投资则增加到近40亿元人民币，建设21项大科学工程；“十一五”期间，中国投入60多亿元人民币，建设12项大科学工程[5]。20世纪70年代以来，中国科学院一直是大科学工程的主要承建者与管理者。例如，较为著名的有中国科学院高能物理研究所负责建设与管理的“北京正负电子对撞机”，以及由中国科学院上海应用物理所负责建设与管理的“上海同步辐射光源”，等等。2003年以来，为了提高大科学工程的管理水平，中国科学院成立了专门的研究组，在广泛的研究和经验总结基础上，为大科学工程制定了相对完善的管理规定与管理办法，构建了专门的管理体制机构，逐渐形成了管理与运行大科学工程的中国科学院模式[12,13]。

二、“一体化模式”与中国新举措

从现有文献来看，约从2004年起，相较于其他大科学工程组织模式，美国的“一体化模式”得到国内学界的普遍关注和青睐。因为，一方面，美国的“一体化模式”不仅是大科学工程组织的起源模式，同时，也是其他国家或地区（包括中国）后续组建大科学工程组织时所参照的典型模板；另一方面，美国多所世界一流大学的崛起被认为与“一体化模式”有着深刻的关联，如加州大学与伯克利劳伦斯国家实验室、芝加哥大学与阿贡国家实验室、斯坦福大学与SLAC国家加速器实验室，等等[14,15]。

对此，学界和实务界均认为，“一体化模式”的主要优势在于实现了大学和国家实验室的资源互补。例如，国家实验室可以通过提供先进的科研装置和条件而汇聚和培养大批的科研人才，从而更加有利于前沿科学和高尖端技术领域取得重大突破，为大学的学科发展、提升重大原始创新能力和整体学术水平做出贡献；而大学的学科门类齐全，有利于多学科交叉融合和群体智力交汇，从而更有利于产生新思想、新理论、新方法，以及有利于组织跨学科团队攻克重大科学难题，并且，大学具备宽松的管理方式、良好的研究氛围以及通畅的国际交流环境，因此，大学能够为国家实验室这种大科学机构提供多学科的人才储备和学术支撑，拓展国家实验室解决关键科学问题的能力[6]。

由以上可见，相较于后来形成的几种大科学工程组织模式，起源于美国的"一体化模式"被认为对大学的发展有着更为直接的促进作用，而大学的学科门类优势与特有制度环境也是一般科研院所或企业公司所欠缺的。在学界与实务界的这种认知下，有鉴于美国的成功先例，自"十一五"规划以来，中国开始尝试采用"一体化模式"作为提升大学核心竞争力和创新能力、探索世界一流大学建设的新举措（以下简称为"新举措"）。如北京科技大学牵头建设了重大工程材料服役安全研究评价设施，组建了"国家材料服役安全科学中心（筹）"；华中科技大学与中国科学院合肥物质科学研究院联合承担了强磁场装置的建设，组建了"国家脉冲强磁场科学中心（筹）"。"十二五"到"十三五"期间，中国重点建设16项大科学工程，其中，更多的大学将参与，乃至牵头大科学工程的建设与管理。据了解，这期间筹划的项目有：依托哈尔滨工业大学建设"空间环境地面模拟设施"、依托同济大学建设"海底科学观测网"、依托上海交通大学建设"转化医学研究设施"，以及依托中国农业大学建设"模拟动物表型与遗传研究设施"，等等[6]。

三、研究对象

首先，本书所指的大科学工程组织是起源于美国的"一体化模式"及其演化后的"混合模式"，大学与国家实验室是大科学工程组织的核心构成，这两种组织合作关系的不断演进，正是大科学工程组织的治理结构冲突与演化的外在表现。

其次，为了避免造成混淆与更好地进行比较分析，后文统一使用"大科学实验室"来指代基于大科学工程而建立的实体机构。美国依托研究型大学管理的"国家实验室"，只是拥有大科学工程的实体机构的一种称谓，并非拥有大科学工程的机构都会使用"国家实验室"这个名称。例如北京科技大学的"国家材料服役安全科学中心（筹）"就是基于"重大工程材料服役安全研究评价设施"这个大科学工程而建立的，欧洲的"核子研究中心"则拥有着多种大科学工程。不过，可以肯定的是，无论是"国家实验室""科学中心"，抑或是"核子研究中心"，其共同点在于它们都是基于大科学工程运行管理阶段所建立起来的"大科学实验室"。因此，更确切地说，本书关注的是大科学工程组织及其中的大学与大科学实验室的合作关系。

最后，本书也将大科学工程组织与支撑制度的关系纳入研究范围。"新举措”是由教育部牵头所发起的高校科技战略发展项目,中国政府尝试通过这个项目,有效发掘、整合中国大学优势力量,在进一步发挥大学在国家创新体系中的重要作用基础上,满足中国科技发展的重大需求。保障这种战略性项目的成功实施,必然涉及重大的宏观制度改革。然而,为“新举措”做出的宏观制度改革,其前提要求是,在“新举措”中被构建的大科学工程组织具备合理性。因为,如果大科学工程组织本身缺乏效率,那么,为支撑这种组织的管理和运作所建立的宏观制度也必然是缺乏效率的。

四、问题提出

自 2011 年以来,在哈尔滨工业大学“大科学设施专项预研课题”的经费资助下,我们开展了有关“依托大学建设与管理大科学工程”的管理机制与组织模式的研究。一方面,我们参与了哈尔滨工业大学的大科学工程项目“空间环境地面模拟装置”,对其中的管理体制与机制展开初步研究与讨论;另一方面,则参与到“教育部属高等学校重大科技基础设施规划建设与运行管理研究”的研究报告编制中。借此机会,我们参加了教育部重大科技基础设施研究组的研讨会,并收集了该研讨会的相关文本和录音记录;同时,对北京科技大学在建的大科学工程进行了调研,主要是访谈了该工程的相关管理人员。

我们发现,“新举措”在实施过程中,存在两个主要现实困境:

现实困境 1:从会议的讨论记录和现有文献来看,中国的学界与实务界早已发现,在“新举措”的实施过程中,大学和大科学实验室这两种组织的一体化会产生冲突。有不少学者指出,以小科学研究为主的中国大学与以大科学研究为主的大科学实验室,在组织的管理和运行方式上有着相互冲突之处,这样的冲突又特别表现在两者的激励和考核评价等制度上。

现实困境 2:“新举措”预期大学与大科学实验室资源互补的局面并未实现。根据我们参与的会议讨论和对有关管理人员进行的访谈来看,一个普遍的现象是,校内其他院系或实验室追逐,乃至争夺原本属于大科学实验室的经费或人才。

面对这两个现实困境,不得不令人怀疑“新举措”在中国是否具备可行性。建设大科学工程需要庞大的资源投入,“新举措”亦已全面展开,倘若不能解决目前的困境,中国可能就要付出巨大的代价。对此,通过前期的一些探索性研究,我们认为,要对上述两个困境进行分析并提出有效的解决方案,就必须要解决接下来的四个问题：

问题一：大学与大科学实验室产生制度冲突的原因是什么？

问题二：为什么大学与大科学实验室并未实现预期的资源互补，反而产生了大科学实验室的资源被大学争夺的后果？

“问题一”和“问题二”与“新举措”实施过程中所遇到的两个现实困境是一一对应的。“新举措”借鉴了起源于美国的“一体化模式”。现有文献虽然对“一体化模式”的组织架构、管理制度、运行机制及其在经济发展和科技创新中的作用和意义等方面的内容做了比较全面的分析，但这类文献主要着重于“一体化模式”的引入和介绍其中的成功事例，普遍体现出这样一种情绪或憧憬，即中国通过借鉴“一体化模式”来构建大科学工程组织，就有可能复制美国的成功典范。

然而，这些文献并没有很好地解释，为什么“新举措”在中国的实施会遭遇困境。因为，如果单纯说大学与大科学实验室的冲突源自小科学与大科学之间的研究模式和研究制度差异，那么产生这个差异的根源是什么？这使得我们产生了更为深入的反思，进而提出了第三个问题。

问题三：如果说大学和大科学实验室的冲突是客观存在的，或者说，如果小科学和大科学之间的差异是客观存在的，那么，“一体化模式”最初是如何在美国建立并获得成功的？

当谈及大学与大科学实验室的制度冲突源自小科学与大科学的研究模式和研究差异，如何解释“一体化模式”在美国能够获得成功，而在中国则遭遇困境？我们的观点曾与国内现有文献一样，认为这种困境是中国独有的，即源自中国行政体制所导致的“大学过度行政化”——这确实是造成中国大学众多问题的一个主要根源，也是本书在对策分析中必须面临的一个问题。但令人不解的是，难道说美国的大科学工程组织中就不存在小科学与大科学的差异？这显然不能准确解释“一体化模式”在美国获得成功的原因，更不能准确解释“一体化模式”在中国遭遇困境的原因。

为此，我们对“一体化模式”在美国的现状及历史进行重新考察，注意到一些在已有文献中出现过，但尚未得到深入讨论的现象。这些现象表明，起源于美国二战期间的“一体化模式”，在当下的管理实践中早已经发生了转变，美国许多著名的、依托大学进行管理的大科学实验室已经从大学的行政框架中独立了出来，新的合作关系与管理模式逐渐形成。既然“一体化模式”在美国获得了成功，为什么如今又会发生这样的转变？小科学与大科学的差异在其中起到怎样的影响？如果差异的存在是客观的，"一体化模式"最初为什么能够在美国建立？如何解释新的合作关系与管理模式？这些疑问在现有文献中尚未做出深入的解答。

问题四：能否找到一些具有普适性的规律，为中国构建大科学工程组织提供有针对性的对策建议？

尽管"大学过度行政化"是不可回避的问题，但它并不是放之四海而皆准的"万能"解释——不仅中国大学，全球都在面临着"大学过度行政化"问题，处于大学行政框架内的科研人员、科研团队及相应的学术组织都受到这个问题的影响。因此，如果要将起源于美国的"一体化模式"迁移到中国，我们就必须通过研究"问题一""问题二"和"问题三"，找到有关大科学组织构建的一些普适性规律，揭示出"大学过度行政化"之外的有效解释，为"新举措"所遭遇的困境提出更具针对性的对策建议。问题是，这样的普适性规律是否存在？

五、研究局限

在前期研究过程中，我们所获得的"新举措"材料主要来自"北京科技大学的实地调研""研究报告编制中所能接触到的资料"和"教育部重大科技基础设施研究组的研讨会"，等等。然而，这些材料有着很大的局限性。一方面，在实地调研过程里，我们虽然从北京科技大学相关主管人员的访谈中获知实施"新举措"所面临的困境，但却无法进一步获得更多的文档资料。据被访谈人员的回答，无法为我们提供更多资料的原因在于，既有保密的要求，也因为中国的"新举措"才刚刚起步，尚未建立完善的文档管理和记录制度，相关资料仍然缺乏。另一方面，参与研究报告的编制和研讨会使我们获得了《国家重大科技基础设施工作研究和管理政策建议》和《教育部属高等学校重大科技基础设施规划建设与运行管理研究》等未公开出版的重要材料，但是，这些材料主要是关于国内外大科学工程及其组织模式的介绍，并未涉及进一步的理论研究。而研讨会及其记录虽然让我们进一步了解"新举措"所面临的困境，即"大学和大科学实验室的组织间冲突"和"未能顺利实现两者的资源互补"，并获知"新举措"必然会在中国实施，但其中所提出的解决办法多数与现有文献类似。例如，引入更多的国外相关管理措施或改革中国大学的行政管理体制。

此外，在中国国内公开的官方网站或数据库上，如中国科学院有关大科学工程的官方网站，除了关于“拥有大科学工程的机构”“建造过程中所攻克的技术难题”“建立在大科学工程之上的国际合作”以及“利用大科学工程所取得的科研成果”等介绍之外，并未提供更多更深入的数据资料或文献文档。

总而言之，除了“新举措”的困境和大科学工程的概况介绍之外，我们无法获得“新举措”在中国实施过程中的更多具体资料，这对我们的研究造成了一定的局限。如果不解决这个局限，不仅会影响到研究结论在中国的适用性，甚至研究本身也将难以为继。为此，我们不得不通过另外的办法，来尽可能地进行一些具有普适性的研究，以力求降低上述局限所造成的影响。这些办法在后面的论述中将可以看到，即根据本书的研究问题，通过构建具有针对性的理论框架，对可获得的直接或间接材料进行细致的审视、剖析和解读，发掘潜藏的研究价值。尽管这些材料并非全部来自中国，却足够帮助我们对本书研究的问题做出解答了。

第二节　研究目的与研究意义

一、研究目的

第一，揭示大科学工程组织的治理结构冲突原因。借鉴自美国“一体化模式”的中国“新举措”，期望通过依托大学建立大科学实验室，对大学的小科学研究模式进行改造升级，使其蜕变成为大科学研究模式，进而推动世界一流大学的形成。然而，大学与大科学实验室的研究模式，难以通过“基于一者改造另一者”，乃至“一者取代另一者”的方式解决，两者并不存在简单的相互替代关系，“一体化模式”使得两者产生了组织制度上的冲突。为此，我们的首要目的是从治理结构的角度，揭示大科学工程组织中的大学与大科学实验室冲突原因。

第二，解释大科学工程组织的治理结构冲突后果。大学与大科学实验室是两种不同的科研组织模式，中国尝试通过实施借鉴自美国“一体化模式”的“新举措”，构建中国的大科学工程组织，从而实现大学与大科学实验室的资源互补和相互促进，这是“新举措”目前的预期政策目标之一。然而，这个目标并未实现，大科学实验室的资源被大学夺取。虽然“大学过度行政化”有可能是造成这种后果的一个原因，但在全球均面临“大学过度行政化”的背景下，我们需要寻找到更具针对性的解释。

第三，披露大科学工程组织的治理结构正在发生转变的经验事实，剖析其治理结构演化的初始条件和路径指向。在美国本土，“一体化模式”已经发生了转变，而经验事实表明，导致其转变的原因，很有可能是源自大学与大科学实验室组织差异所引致的冲突和后果。为此，我们的第三个目的是，从治理结构的角度，对这种模式的起源和历史演进做出研究，剖析其演化的初始条件和路径指向，探寻其最初得以建立并获得成功的原因，以求获得中国构建大科学工程组织的治理策略启示。

第四，分析中国实施“新举措”的体制局限和历史局限，为“新举措”走出困境提供治理策略。“一体化模式”不仅起源于美国，同时，这种模式的转变也最先发生在美国。中国“新举措”的实质是制度的“移植”。当这种制度“移植”发生在西方与非西方国家之间时，很有可能会因为社会、法律与文化等方面背景的差异，而导致“被移植”制度的“水土不服”。进一步地，当中国的“新举措”面临困境时，因国家与国家之间的体制差异，美国针对“一体化模式”所进行的改革措施，也不一定适用于中国。正是基于这种考虑，我们还需要立足于中国本土，分析中国实施“新举措”的体制局限与历史局限，为中国“新举措”走出困境提供治理策略。

二、研究意义

第一，以交易成本理论为核心，分别整合科层制理论和资源基础理论，为不同学术组织间的合作关系分析提供了新的理论基础和分析工具。大科学工程组织是一种建立在大学与大科学实验室合作关系基础上的组织和制度，这两种学术组织分别是小科学与大科学科研模式的典型代表。现有研究对这两种学术组织合作关系的研究，过于注重它们的“数量”或“价值”特点，更强调建立合作关系的必要性和重要性，忽视了其中存在的组织差异与冲突。同时，现有研究对于科学家的行为假设过于理想化，这容易产生认识上的混淆，是导致学术组织间的差异与冲突被忽视的重要原因。通过整合威廉姆森流派的交易成本理论、科层制理论以及资源基础理论，把科学家还原为“世俗人”，将其应用于学术组织间的合作关系分析中，并引入基于面板数据模型的治理结构分析，就为学术组织间的合作关系分析提供了新的理论基础和分析工具，有利于发现新的组织现象和组织规律。

第二，在分析治理结构冲突后果的过程中，创新运用交易成本理论，为大学治理结构建立新的理论基础，彰显了治理结构边界的意义。现有文献对于大学治理结构的研究，多数是从经验的借鉴总结出发，建基于一些难以被实证的理念之上。尽管这些理念寄托了人们对大学的理想和期望，却无法明确表述出大学制度的真实运作。在分析治理结构冲突后果的过程中，本书创新运用交易成本理论，对大学治理结构做出实证分析，在不依赖传统理念的前提下，研究大学治理结构的实际运作，以期为大学治理结构建立新的理论基础。其中，在普遍倡导组织边界柔性化的背景下，本书分析了"一体化模式"下大学和大科学实验室治理结构边界缺失的后果和影响，重新彰显出组织边界的意义。

第三，整合交易成本理论和演化理论，创新运用社会运动有关理论，为不同学术组织间合作关系的演化分析提供了新的研究视角和研究工具，强调了历史分析的重要性。治理结构的演化分析和历史分析在当前的组织研究中已经变得越来越重要，许多新的见解和发现由此产生。但这种分析视角在国内的学术组织间合作关系研究中仍不多见，"一体化模式"的引入和"新举措"的实施就是一个鲜明例子。"一体化模式"诞生于二战期间，转变于1990年之后。这种现象虽然出现在现有文献的字里行间，但往往被一带而过，而未能获得深入讨论。然而，恰恰是这样的转变现象，反映出"一体化模式"并非在任何时候都是具备合理性的大科学工程组织模式，这种模式的最初形成和发展有着深刻的本土历史与制度因素，当这些因素发生变化，"一体化模式"亦随之变化。忽略这些因素，就容易导致认识上的偏差。正因为如此，本书整合交易成本理论与演化理论，并借助"社会运动"的研究视角，对大科学工程组织的治理结构演化进行分析，从而为不同学术组织间合作关系的演化分析提供了新的研究视角和研究工具。

第四，对大科学工程的意义和价值进行重新反思，为"新举措"走出困境和后续的实施方式提出可行的治理策略。国内对于"大科学工程"的研究伊始于改革开放之初，其独特价值和意义在这30多年间得到不断的反复强调和建构，从某种程度上看，它似乎正逐渐被异化为一个承载民族复兴和国家强盛的符号，甚至有不少观点认为需要用"举国体制"的方式来建造中国的大科学体系——"新举措"正是在这样的语境下被提出。通过分析大科学工程组织的治理结构冲突和演化，指出中国当前所推行的"新举措"不能简单地借鉴美国"一体化模式"，其首要的现实意义在于，帮助相关政策制定者重新反思"一体化模式"，重新反思大科学工程的意义和价值。同时，立足于中国的体制局限与历史局限,为“新举措”走出困境和后续战略规划、价值预期和政策目标的实现提出具有针对性的治理策略。

第五,为大学寻求与其他组织建立合作关系提供了反思和指导。通过搁置那些“被发明的传统”一般的大学理念,从治理结构角度剖析大学组织的真实运作,论证“大学”并没有什么亘古不变的性质,当诸如“新举措”这样的困境出现时,问题的根源并不能全部归因于常常遭到批判和质疑的外部因素,而同样需要反思寄托了人们理想与期望的大学本身。这引发出对大学与其他组织之间合作关系——如科技园或国家重点实验室——的重新反思:这些合作关系是否也存在类似的治理结构冲突与演化问题?从这个角度来看,本研究为大学寻求与其他组织建立合作关系提供了一定的指导。

第三节 相关研究现状及评述

一、大科学工程组织的研究分歧

从现有文献来看,国外学者与国内学者对于大科学工程组织的认识与研究存在很大差异。

(一)国外方面

在西方国家的研究视阈下,虽然依托大学管理大科学实验室也被认为是典型的美国“GOCO”模式,但大学与大科学实验室往往被看作两种在组织目标、组织方式、管理控制以及激励制度等方面存在区别的知识生产主体和创新主体[16,17]。美国科技政策史、科学技术史与大学发展史等史料研究文献都曾介绍性地提及这种模式。例如,二战期间和二战之后,大科学工程与大科学实验室的出现对科研组织模式和科技政策的影响,其中涉及大学的参与[18-22]。然而,涉及管理或组织研究方面的文献,则主要是分别对大学与大科学实验室做出单独的研究,常见的内容是,应用社会网络、社会资本与组织学习等社会学、管理学与经济学理论进行研究:①大科学实验室与工业企业的合作模式和技术创新、转移与扩散机制[23-26];②大科学实验室中的团队特征与文化[27-29];③如何通过大科学实验室这类科研机构实现国际合作[30,31];④作为一种“知识吸引器”(Knowledge Attractors)的大科学实验室[32],等等。

至于针对大学的类似研究已经是数不胜数(由于与本书的研究主题无关,

与大学创新或技术转移之类相关的文献就不在此赘述了)。对此,有观点指出,不应该再将关注点集中于大学或私人部门之上,而应当同时关注"大科学实验室"这种起源于二战时期的大科学机构,因为相对于大学而言,针对这类机构的研究范围并不广,还存在不少空白之处,但这类机构及其整个系统却占用着大量的公共财政资源[33]。基于这样的认识,在最近的研究文献中可以看到,已经有学者开始通过整合相关的社会学理论与制度理论等,研究大科学实验室如何通过长期的制度变迁来适应变化的社会、政治和经济环境,以及研究大科学实验室如何从单一目标的大学物理实验室演变为多元目标的国际级大科学实验室[34-37]。

(二)国内方面

就大科学实验室本身而言,相较于西方的研究,国内学界和实务界同样关注大科学实验室的技术创新、转移和扩散,及其在国家创新体系中的作用[38-39]。同时,国内学界在大科学制度及其政策研究、大科学项目的团队组织、文化和科学家责任方面也有着不少的研究[40-41]。而对于大科学工程组织的"一体化模式",从"中国知网"中可搜集到的文献来看,最早于20世纪90年代的时候,相关理念在赵红州等学者的论文中就已经涉及[42]。在2004年左右,国内学界与实务界将这种模式明确提出,并将其确定为研究主题[43]。由于中国目前正在将这种模式转变为现实科技政策和管理实践,这个研究主题得到了越来越多的关注。

对于这个研究主题,国内学界与实务界普遍怀有这样一种认知和价值预期,即建立在大学与大科学实验室一体化关系上的大科学工程组织模式,有助于更好地提升大学的核心竞争力,帮助大学迅速发展成为世界一流大学[6,14-15,44]。对比国外目前的文献,国内这个研究主题的价值在于填补了"大科学实验室"在这方面研究的空白。毕竟,"一体化模式"诞生以来,大科学实验室就与大学形成了密切的联系[6,14-15,44]。如果对这种联系的研究仅仅是停留在史料的阐述中,显然无法对"大科学实验室"这种拥有大科学工程的大型科研机构实体建立完整的认识。

然而,截至目前,国内的相关研究文献仍存有不足之处,这方面的文献主要是经验现象的详细描述、总结以及强调大科学工程组织"一体化模式"的价值意义,尚缺乏理论层面的提升或实证方面的研究。例如,国内的文献多数是介绍美国大学内大科学实验室的具体管理体制、绩效评价指标、经费来源或具体组织架构，然后探讨中国可以从中获得的启示[45-47]。这类研究在国内占据了主流地位，甚至是走向了与西方研究视阈相对的另一个极端——完全将大学与大科学实验室看作是一个组织整体，以及将建立在这两种组织一体化基础上的大科学工程组织模式，看作是构建大科学工程组织的一种“天然”模式。有学者提出，在那些拥有大科学实验室的美国大学中，虽然前者处于后者的行政管理框架下，但大科学实验室的研究与大学的教育并无直接联系，两者亦并非完全相互包容[48]。还有文献在介绍美国经验时，提及大科学工程组织模式在美国所发生的新变化，如大科学实验室的依托对象从大学转变为专属管理公司[49]。但这并未影响到国内的固有认识，即大学与大科学实验室的一体化合作关系不仅被看作是“天然”的，后者甚至被认为是前者的一个基层学术组织[50]。

国外与国内对大科学工程组织的研究分歧表明，当前学界对于这种组织下的大学与大科学实验室关系研究处于两个认识极端，要么认为两者相互独立，要么认为两者是天然的一体化关系，很少有文献直接对这两种组织合作关系做出深入分析，更鲜见有文献对这种起源于美国的“一体化模式”在当下的合理性做出质疑。为此，我们不得不尝试求助于更广泛的科研组织合作关系研究文献。因为，大学与大科学实验室属于两种不同的学术组织，而建立在大学与大科学实验室一体化关系之上的“一体化模式”，是属于“学术组织－学术组织”合作关系类型下的一种组织模式。

二、科研组织合作关系的研究现状

自第二次世界大战之后，随着自然科学问题和社会科学问题的日益复杂化，各类科研组织建立跨学科边界、跨组织边界乃至跨国家边界的合作关系，被认为是解决这些复杂问题的一种主要方式[51,52]。而围绕这些关系所形成的组织模式纷纷进入到学界与实务界的研究视野，甚至，探索如何更好地将这些合作关系组织起来，已经成为国家实现高效率知识产出与科技创新的战略手段。从已有研究文献来看，当前的科研组织合作关系可以分为三大类，即“学术组织－学术组织”“学术组织－产业组织”以及“产业组织－产业组织”，不同的合作关系又分别形成了不同的组织模式：

（一）学术组织－学术组织

学术组织是指各类大学以及公立或私立的研究机构。对于“学术组织－学术组织”合作关系的组织模式，目前的研究主要是基于文献计量、复杂网络与社会网络的理论与方法，通过利用合著文献或引文数据，对学术组织间形成的正式或非正式科研合作网络和合作团队做出分析，揭示其中的跨学科与跨组织边界特征及其对新学科与新知识生成的影响[53,54]。例如，缪亚军、孙见山和戚巍以 Web of Science 数据库收录的 C9 高校 H－index 论文为样本，利用科学计量学指标，从合作模式、合作强度及影响力维度对合作特征进行了研究[55]。Ynalveza 和 Shrumb 通过研究教授合作网络，分析了科研合作与论文产出的关系[56]。

学术组织之间的合作关系还可以通过实体组织模式来建立，如各种跨学科科研组织、科研平台以及联合研究机构。然而，这类实体组织模式却并非这个关系类型下的研究主题。一个主要原因在于这种跨学科与跨组织边界的研究并非基于知识本身的演化逻辑，而是基于外部的国家、经济与社会发展需求逻辑[57]。因此，虽然有文献提倡通过在大学及其他科研机构中建立这样的实体组织，以打破学科与组织边界的壁垒[58]，但关于如何实现这样的制度安排，却并未有更为深入的讨论。特别是在国内，主要是以介绍和借鉴国外相关组织模式的研究居多。例如，蓝晓霞从组建方式、科研成果转化方式等方面通过研究美国产学研协同创新的主要模式和特点，为中国协同创新的模式优化提供借鉴[59]；康旭东等人通过对美国西北大学科技管理模式与机制的分析，认为我国应当鼓励跨学科的科研组织开展协同创新[60]。

相较而言，更为主流的研究，是分析这种组织模式在经济产业与技术创新中的作用，特别是关注学术组织如何通过这种组织模式与外部经济产业组织建立关系，即“学术组织－产业组织”合作关系。

（二）学术组织－产业组织

产业组织同样要进行产品研发，甚至不少产业组织拥有自己的实验室，属于一种直接面向商业技术应用的科研组织[61]。而围绕“学术组织－产业组织”合作关系所形成的“产学研联盟”模式，则是当今国内外的一个主流研究课题。

现有文献已经基于社会网络理论、联盟能力理论、创新理论、交易成本理论、组织学习理论、资源依赖理论和制度理论等多种理论，以及运用多种定量与定性研究方法，对“产学研联盟”组织模式进行全方位的分析与探索[62-64]。例如，谢晔和霍国庆运用范围经济理论、资源基础理论和交易成本理论对科研组织的纵向一体化进行了分析和解释，为科研组织的科技产业化和组织边界确定提供了重要启示[65]；温珂和周华东基于联盟能力理论，从产学研合作的内生动力激励出发，研究产学研合作政策体系的完善[66]；Samuel Ankrah 和 Omar AL－Tabbaa 指出，大学与工业界的合作强化了两者的知识交换，并对“大学－工业合作”理论做了一个全面的综合性分析[67]。由这些研究可见，这类合作关系的具体组织形式已经非常多样化，除了非正式的社会网络之外，还有着各类实体组织。例如起源于硅谷的大学科技园、在“二战”中形成的大科学组织、源自中国“2011 计划”的协同创新中心、发源于美国工程研究中心（Engineering Research Center，ERC）计划的大学研究中心（University Research Center），等等[64－67]。

值得强调的是，当前学界已经认识到，在“学术组织－产业组织”的合作关系中，前者倾向于将研究成果公开发表，而后者则有可能因此而失去研发投入的竞争优势[68,69]。为了解决这个矛盾，学术组织与产业组织在两者的组织边界外共同建立了一种名为“边界组织”（boundary organization）的合作模式，这种模式的组织与治理形式已经得到了一定的研究。例如，O'Mahony 和 Bechky 研究了边界组织如何从治理、成员关系、所有权以及产品控制等四个方面，帮助不同领域的组织建立有效的合作关系[70]；Markus Perkmann 和 Henri Schildt 的研究指出，边界组织能够提供两个核心机制来尽可能缓和学术发表与研发保密之间的矛盾[71]。此外，随着信息技术的发展，虚拟跨学科与跨组织边界的团队构建，已成为全球化时代下的一种新型“产学研联盟”组织模式，例如，Vasileiadou 和 Vliegenthart 指出，对于目前分布于世界各地的研究团队而言，网络被用于资源分享和工作分担，进而提高研究产出[72]；林向义和罗洪云等人指出，虚拟科研团队是目前创新组织和突破组织边界、充分利用外部知识资源进行创新的新型科研组织形式[73]。

（三）产业组织－产业组织

产业组织与产业组织之间的跨组织边界合作研发关系模式，是目前国内外又一经久不息的主流研究课题。基于各种经济学理论、企业理论和社会学理论以及相关的实证方法，从企业间的非正式关系网络、知识和专利正式合作网络，到企业战略联盟、企业产业价值链的纵向一体化与研究联合体，学界已经做出了大量的理论研究与实证研究[74－75]。例如，叶春霞和余翔等人认为加入专利合作网络是实行开放式创新的重要网络平台，并分析了企业合作网络的实际动态变化过程及最大子群的小世界性[76]；Jan Hohberger、Paul Almeida 和 Pedro Parada 的研究表明，依赖于个体的科研合作比依赖于 R&D 合作的组织关系在未来的创新合作中会变得更加紧密[77]。

这些研究不仅论证了产业组织间建立各类合作关系模式的内在动机和影响因素，并且探索了这些模式的绩效评价方式和工具，以及对各类模式进行了比较分析[74-77]。例如，李靖、蒋士成和费方域比较研究了垄断的下游企业与两个研发单位中的一个组成的3种组织形式：相互独立、战略联盟和一体化，分析了哪种组织形式在何种情况下能够占优[78]；武博、刘光东和王怡通过构建博弈模型，阐释了下游企业参与纵向研究联合的内在动机，并以上汽集团与通用(中国)纵向研究联合体研发联姻的APTAC为例，进行了实证研究[79]；Fitjar和Rodríguez-Pose从演化经济地理学的角度，分析了环境是如何塑造了企业层面的创新协同的影响[74]。

由以上可见，相较于第2种合作关系类型及其组织模式的研究而言，“产业组织-产业组织”合作关系模式的组织形式更加多样化，相关的研究理论和方法也更为成熟。更重要的是，这类研究越来越关注产业组织间建立合作关系的各种中间组织形式以及合作关系的演化问题，而治理结构分析则在这类研究中占据了主要位置。例如文献[78]中所研究的相互独立、战略联盟和一体化组织模式，正是3种不同的治理结构。不仅如此，在“学术组织-产业组织”的合作关系中，治理结构分析同样占据了重要的位置，其中的“边界组织”正是一种混合治理结构。因此，我们认为“治理结构”是研究大科学工程组织及其中的大学与大科学实验室关系的重要契机，前提是明晰在怎样的理论层面上使用这一概念。

三、治理结构研究的3种理论取向

近几十年来，“治理”一词被大量应用在政治学、经济学与管理学等领域的研究中，并且，不同的学者因研究或实践需要的差异，而在不同的含义或观念上使用着这个概念。Rhodes总结出6种“治理”的定义：最小政府的治理、新公共管理的治理、善治的治理、社会-控制体系的治理、自组织网络的治理和公司治理[80]。而库依曼分析了12种“治理”的含义：最小化治理、自组织网络、新公共管理、社会动态系统治理、善治、政府作为掌舵角色、治理与治理意识、经济或经济部门治理、全球治理、参与治理、多层次治理、公司治理[81]。尽管有着诸多的定义或含义，但从已有文献来看，“治理”或“治理结构”的使用主要基于以下3种理论取向：公共治理、现实根源的公司治理和组织形态学意义上的治理结构。

(一)公共治理

公共治理在20世纪80年代西方民主政治和政府再造的背景下兴起与发

展，与强调自上而下和集权主义的政府统治或强调管理工具和方法的政府管理相比，公共治理强调政府的掌舵角色和社会事务的自治[82,83]。Rhodes 与罗西瑙等人的“没有政府的治理”“去中心化社会”和“多中心社会”等治理思想，使得“政府与非政府主体在公共决策中的关系与地位问题”在学界中引起了广泛的争论[84-87]。

“公共治理理论”的支持者认为，传统政府在公共服务的供给上是低效率和失败的，而当政府从“统治”转向“治理”，非政府主体广泛参与到公共决策中，不仅能提高政府效率，还能够提高政府的合法性和推动公民社会的形成，实现“善治”[88-90]。然而，从最近的研究文献来看，越来越多学者对“公共治理”——特别是强调政府与非政府主体有着对等地位的“网络治理”——有效性提出了质疑[91-93]：一方面，“公共治理”支持者把非政府主体参与公共决策看成是新的社会现象，但实际上非政府主体参与政府治理至少在数百年前就已经出现；另一方面，公共治理意义上的“治理”更多是理念上的，缺乏足够的证据支持，它可以是一个有用的分析性概念，但更像是一个空洞的符号，因为任何形式的统治行为都可以是治理，每个使用者都可以根据自己的意图来定义这个词语，它与“统治”或“管理”的界线并不是那么的清晰明了。强调“没有政府的治理”或“政府与非政府主体地位对等”之类的治理理论主张，其解释力因过于“浪漫”和“后现代”而显得有限[94]。

（二）现实根源的公司治理

公司治理，也被称为“公司治理结构”或“企业治理结构”。公司治理研究的兴起至少有两个根源，它们所要解决的是两类不同的问题。

一个是现实根源，即公司的所有权与管理权分离和股权分散，由此产生了道德风险与代理问题[95]。大多数基于这个逻辑起点的公司治理研究被认为可以分为两类，即内部治理和外部治理[96]。内部治理是指通过委托-代理理论和利益相关者理论等来研究单一公司的行为模式[97]；而外部治理则研究公司运行的规则框架，如考察法律、金融系统和社会文化等制度对公司治理及其改革的影响[98-99]。

另一个根源可以追溯到科斯的经典论文《企业的性质》。在 1937 年发表的这篇经典论文里，科斯提出了经济组织研究的两个核心问题：“为什么会存在组织？为什么并非所有的生产都由一个大企业来完成？”“交易成本”概念在回答这两个问题的过程中形成[100]。在拓展和完善科斯思想的过程中，逐渐形成了两个不同的理论流派,格罗斯曼(Grossman)、哈特(Hart)和摩尔(Moore)等人发展出了产权理论(Property Right Theory);而威廉姆森(Williamson)、克莱恩(Klein)和克劳福德(Crawford)等人则发展出了交易成本理论(也称为交易费用理论或交易费用经济学,Transaction Cost Theory)。

虽然产权理论和交易成本理论都发源于科斯的思想,并共享许多核心概念,如"纵向一体化""不完全合约"和"交易成本"等。但 Whinston、Lafontaine 和 Slade 指出,这两种理论是不同的,产权理论更多是与道德风险和代理问题的研究相辅相成,并为后者提供了许多深刻的见解[101-103]。在许多与现实根源相关的公司治理研究文献中,往往能看到产权理论的贡献,它与委托-代理理论、利益相关者理论、法律与文化观点等理论结合,从内部治理与外部治理两个角度,研究公司治理结构中董事会和股东的责权利分配及其具体的组织架构[104,105]。

(三)组织形态学意义上的治理结构

相较于产权理论,以威廉姆森为代表的交易成本理论则形成了另一个解释体系与研究视角(在不做特别说明的情况下,以下的论述所提到的交易成本理论就是指威廉姆森流派的)。尽管威廉姆森最早明确提出"治理结构"一词[106],但他是从组织解剖学的角度来研究形态学意义上的组织特征,如这个流派所提出的"市场、科层与混合治理结构"三分法[107]。也就是说,交易成本理论的"治理结构"并非是具体组织架构意义上的公司治理结构,而是特指组织形态。

自 20 世纪 80 年代以来,交易成本理论被广泛应用于研究组织与组织、组织与个人,以及个人与个人之间所建立的交易关系[101]。大量的实证研究验证了交易成本理论的核心假说,即为了最大限度地节约交易成本,特定程度的资产专用性会匹配相应的治理结构[101,107]。近年来,由于组织形态的多样化,特别是各种混合治理结构的大量出现,以及对组织治理结构变迁研究的需求,交易成本理论逐渐与资源基础观、制度学派以及演化理论等理论交叉,大大拓展了交易成本理论的研究范围和研究深度[108-111]。

由以上可见,公共治理结构代表效率和去政府化等理念,公司治理结构代表效率与产权等理念,组织形态学意义上的治理结构虽然也包含效率理念,但更是针对某种组织及组织间关系建立的原理性研究。

四、大学治理结构的现有理论主张

根据已有文献，“大学治理结构”的概念体系和理论基础主要是源自大学理念论、公共治理理论和现实根源的公司治理理论。

（一）大学理念论

二战之后，由于正式研究经费体系的建立、外部资本的注入、知识经济和社会发展的需求以及管理主义等原因，西方国家的大学已经发生了深刻的变化，公众和政府要求大学提高绩效和承担更多的职能、责任与义务，而大学组织本身则日益变得庞大而复杂，大学教师的地位逐渐被边缘化，他们更多地被看作是实现大学计划或满足消费者要求的“雇员”，大学的行政部门则越来越向外部机构负责，学术决策也越来越受到行政决策制约[112-114]。中国的大学除了要面对这种变化之外，还需要解决历史遗留的问题，即在计划经济体制时代，政府过于强调行政干预而导致的大学“过度行政化”问题[115]。

大学理念论主要是“大学的学术本质”“大学天生的自治诉求”“教授治校或教授治学”“学术自由”等一系列观念的集合，它在这样的现实背景下被提出和强调，可以说是对被重构的大学内部行政与学术关系，以及大学与政府和企业等外部组织关系的抵抗[116-118]。主张大学理念论的观点往往通过说理、经验总结、案例分析或追溯历史的方式，尝试确立大学理念为大学组织得以成立和存在的共同根源，并指出只有实现或维持大学理念的大学治理或大学治理结构，才能有效地提高大学绩效[119,120]。尽管“大学治理”一词并非由大学理念论所推导出，这个理论也很少被单独拿出来作为“大学治理”的理论支撑，因为它很难算得上是一个完整的理论体系，但它却通过被整合到后两类治理理论中，而贯穿了大部分有关大学治理的研究文献。

（二）公共治理与公司治理理论

基于公共治理理论的研究认为，现代大学的外部和内部都不再存在单一的权力中心（如去政府中心），因此，现代大学应当采用多元主体参与、民主和多中心的合作治理或网络治理[121-122]。而基于现实根源的公司治理理论研究，主要是从委托－代理理论、利益相关者理论、产权理论、法律（如大学章程）等理论视角，讨论大学决策机构或权力机构等（如董事会、学术评议会）应当采用怎样的具体组织架构，或考察、总结和比较不同国家的大学，分析这些大学的具体组织模式及其对大学绩效的影响[123-126]。

不过,以上 3 类理论在大学治理研究的应用过程中并非那么界限分明,而是在坚持“大学理念”主张的前提下,近乎随意地被整合在一起,使得“大学治理”的定义和种类就如“公共治理”中的“治理”一样繁多,不同的学者根据研究意图和需要而在不同的层面上使用着这个概念。例如,大学治理可以是指体现大学内外部利益相关者参与决策的结构和过程[127],或是指大学治理事务的法律形式、程序或法权配置[128],还可以是某种抽象的“超组织结构运行机制”[129],等等。“大学治理结构”有时候等同于“大学治理”,有时候则被认为是在大学治理理念约束下形成的某种具体组织模式、机构或制度安排[130]。而许多时候,“大学治理”仅仅就是一个流行的术语,与“大学管理”一词并无实质差异。

(三)对现有“大学治理结构”理论主张的质疑

近些年来,基于大学理念论、公共治理理论和现实根源的公司治理理论所进行的“大学治理”研究逐渐受到了越来越多的质疑[131-135]。

一方面,大学理念未能得到历史事实和实证研究的支持。从历史上看,大学最初在中世纪出现的时候,并没有学术或教育的含义,而仅仅是人们为了保障自身物质利益的一种“行会”[132]。大学既曾是宗教传授神学的场所,也曾是政府部门的一个延伸行政机构,“大学理念”出现的年代并非很久远,大学从事科研活动的历史也只有几十年[115,132]。从实证研究来看,大学教师集体在教学、学术评估方面能做出较为合适的决策,但单个个体或学院却有着更大的激励做出有利于自身的决策。例如将更多的资源配置到自己或学院的研究方向,并且,当大学教师掌握更多与组织管理相关的决策权时,会导致相对更低的效率和教学质量[136,137]。还有实证研究指出,学术自由与大学自治并没有预想中的那种相关性,如果得到法律和公共舆论的支持,前者可以在后者缺失的情况下存在[138]。有观点指出,任何认为大学正在共同创造和推动价值观,并以此追溯大学统一性根源的观点,都是缺乏依据的,因此,“不需要再追问任何关于大学理念的问题”[139]。

另一方面,公共治理理论的许多理念和观点本身就缺乏足够的证据支持,与之相关的大学治理研究亦未例外,这从前述的“大学变化”也可以看到,那种去政府化或多权力中心的“大学治理”与现实并不相符,更多的是一种理想。而有实证研究指出,建基于现实根源公司治理理论的大学治理或大学治理结构,与大学的决策执行、财务状况、教学量等仅有很小的相关性,甚至没有关联[140]。

还有实证研究发现，几乎不可能获知大学决策达成的路线图[141]。得出这样的结论并不奇怪，因为大学与一般的政府或企业组织不同，有学者归纳出大学组织的 9 个特点[142]：①组织的目标是不明确的；②组织管理的手段和程序是模糊的；③组织具有分解和松散的特征；④组织结构是不确定的；⑤以人为工作对象的专业性组织；⑥组织管理中参与者的流动性强，很难明确各人责任；⑦组织对外部信息的把握具有不确定性，决策过程模糊；⑧无计划的决策；⑨强调分权优势。在这样的组织特点下，基于现实根源的公司治理理论，亦未能对大学治理结构的实际运作给出令人满意的解释。

五、研究现状评述

第一，大科学工程组织的研究分歧，反映出这种组织模式下的大学与大科学实验室关系的模糊性，导致当前的一些转变现象并未得到重视。国内对于“大科学工程组织”的研究，主要是停留在感性的经验认识之上。国内的研究往往过多地谈论这种模式在国外的成功典范，而将中国实施这个模式的困难归因于大学的外部行政体制问题，并强调需要引入美国方面的相关管理制度或组织方式。在这样的认识下，这种模式在美国的新变化被忽略了。而国外的研究则将大学与大科学实验室分开做出独立研究，一方面是研究大学与产业组织的合作关系；另一方面则将大科学实验室作为学术组织与产业组织建立合作关系的一个“大科学中心”，这使得“大科学工程组织”的研究及其随后的转变现象亦尚未被纳入管理学、经济学与社会学等理论研究视野中。

第二，科研组织合作关系的研究现状表明，大学与大科学实验室关系模糊性并非特例，“学术组织－学术组织”合作关系模糊性普遍存在。由本章第三节第二小节的文献综述可见，“学术组织－产业组织”和“产业组织－产业组织”这两种合作关系类型不仅受到学界与实务界的主要关注，并且围绕这两类合作关系类型所形成的各种具体组织形式，都已经得到了较为深入的理论研究与实证研究。相较之下，“学术组织－学术组织”合作关系及其组织模式，除了“学术网络”和“学术团队”之类的模式得到大量研究之外，围绕这种合作关系形成的实体组织模式却尚未得到足够的关注。究其原因，很有可能是现有文献往往将各类学术组织看作是在制度或管理上具有高度同质性的科研组织，因此，由这些高度同质的科研组织共同组建的实体组织，也就不会被做出区别对待了。于是，当已有文献开始研究链接“学术组织－产业组织”和“产业组织－产业组织”关系的“边界组织”时，却未能注意到，不同学术组织之间也会因为制度或管理差异，同样需要某种“边界组织”来进行链接，而不是直接地建立起某种一体化合作关系。

第三，组织形态学意义上的治理结构是解决大科学工程组织下的大学与大科学实验室关系模糊性的切入点。治理结构的研究存在3种理论取向：公共治理、现实根源的公司治理、组织形态学意义上的治理结构。对于“公共治理”，其理论与概念不仅模糊与混乱，并且许多理论观点并未得到足够的实证支持。“现实根源的公司治理”更适用于具有目标明确、管理手段清晰和组织结构确定等特征的组织，而“组织形态学意义上的治理结构”则更适用于组织的类型学分析、探索不同类型组织得以成立的客观基础，以及分析不同类型组织间关系的建立依据。而且，对于“学术组织－产业组织”和“产业组织－产业组织”中涉及的“边界组织”，正是“组织形态学意义上的治理结构”的“市场、科层与混合治理结构三分法”中的混合治理结构。因此，“组织形态学意义上的治理结构”完全可以应用到“学术组织－学术组织”合作关系研究中。

第四，大学的现有理论主张是造成大科学工程组织内部组织关系模糊的主要原因。现有文献中的“大学治理”理论基础，主要是建立在“大学理念论”“公共治理理论”和“现实根源的公司治理理论”之上，并由“大学理念论”贯穿其中。基于这些理论的“大学治理”，不仅存在概念和理论上的含糊性，更未能从历史事实和实证研究中找到足够的证据支持。霍布斯鲍姆（Hobsbawm）和兰格（Ranger）曾提出“被发明的传统”这一概念，用以指代一整套通常由已被公开或私下接受的规则所控制的实践活动，具有一种仪式或象征特性，试图通过“重复”来灌输一定的价值和行为规范，而且必然暗含与过去的连续性，这种连续性大多是人为构建的，主要体现在思想意识性的层面上，甚至许多“传统”产生的时间并不长，但人们却试图通过赋予其永久性来扩大或捍卫它们[143]。从这个观点来看，基于这三类理论基础的“大学治理结构”，就宛如“被发明的传统”一般的理念，被用以抵抗因社会变化而带来的制度变迁，却未能表述出大学这种组织的真实运作。在这样的理论主张下，个体的行为假设与理论应用过于理想，与实际不符，导致大学被看作是一个没有组织边界的、能够包容各种组织的组织，规模越来越大，组织构成越来越复杂。这与“学术组织－学术组织”合作关系模糊性的研究现状是一致的，不解决这个问题，就不可能解决大科学工程组织的研究分歧，从而无助于为“新举措”的现实困境找到“大学过度行政化”以外的有效解释。

第五，组织形态学意义上的治理结构与研究契机。当前的情况是，一方面，国内所推崇的这种模式在美国的管理实践中已经发生了变化，那些著名的大科学实验室纷纷从大学中独立出去。如果美国大学的外部行政体制或管理体制很适合“一体化模式”,并且“一体化模式”是构建大科学工程组织的一种“天然”模式,那么,这种变化当如何解释呢？另一方面,虽然有不少学者认为大学与大科学实验室之间存在包容性上的矛盾,但是,很少有人质疑过大学组织本身是否是造成上述变化的原因。因为当前对大学组织的研究还依赖于那些难以被证明的理念,在这种模糊与混乱的“大学治理”概念下,大学与大科学实验室的关系以及建立在这两者关系基础上的大科学工程组织根本无法被讨论。特别是,在“一体化模式”转变的过程中,一种介乎大学与大科学实验室这两种组织之间的实体“边界组织”正在形成,但现有文献却尚未给出有关这种情况的解释。

必须摒弃过于理想化的追求,从更为实际的、客观的角度来破解学术组织间的关系模糊问题与边界不清问题,只有这样,才能解释大科学工程组织产生内在冲突的原因,才能继续研究后续的问题。因此,“组织形态学意义上的治理结构”在“学术组织－产业组织”和“产业组织－产业组织”合作关系研究中的应用,就成为我们的研究契机。而将这种理论应用到大科学工程组织的治理结构冲突和演化研究,则构成了本书对现有“学术组织－学术组织”合作关系研究的学术贡献。

第四节 研究内容与研究方法

一、研究内容

本书的研究思路是,根据研究问题建构相应的理论基础与分析框架,分析大科学工程组织的治理结构冲突及其后果,揭示大科学工程组织的治理结构演化路径指向,并最终给出本书的政策建议,为此,本书的主要研究内容如下:

第一,构建理论基础与分析框架。分别针对大科学工程组织的治理结构冲突原因、冲突后果以及治理结构演化的研究需求,以交易成本理论为核心,结合科层制理论、资源基础观、演化理论以及社会运动的相关理论,构建相应的理论基础与分析框架。

第二,分析大科学工程组织的治理结构冲突原因,解决大学与大科学实验室的关系模糊问题。基于交易成本理论和科层制理论的整合分析框架,从资产专用性、内部运行机制和组织成员关系三个方面,运用理想类型分析法剖析大学与大科学实验室的治理结构,划分两者的治理结构边界。在这个基础上,通过对这两种组织的治理结构做出比较,并借助博弈分析加以佐证,分析大科学工程组织的治理结构冲突原因。

第三,分析大科学工程组织的治理结构冲突后果,解决大学争夺大科学实验室资源的问题。基于交易成本理论和资源基础观主张,将大学治理结构的理想类型转化为适用于实证研究的概念模型与统计模型。然后,搜集美国2010－2012年3年间65所研究型大学的面板数据,基于面板数据模型做出统计分析,通过揭示出大学治理结构的实际运作特点,从实证上分析大科学工程组织的治理结构冲突后果。

第四,分析大科学工程组织的治理结构演化初始条件与路径指向,寻找中国实施“新举措”的对策启示。通过整合资源动员理论、政治过程理论与社会结构理论,构建“社会运动”分析框架,分析大科学工程组织的治理结构演化初始条件。在这个基础上,我们发现,曾因采用“一体化模式”而著名的美国大学与大科学实验室,其“亲密”的一体化关系已经开始“疏离”,后者正逐渐从前者的制度框架中独立出去。在美国当前的管理实践中,大学与大科学实验室通过在组织边界外共建“联合研究机构”,以“混合治理结构”的方式重建了两者的合作关系,并由此形成了新的大科学工程组织模式。基于这个经验实施的披露,通过整合交易成本理论和演化理论,进一步剖析大科学工程组织的治理结构演化路径指向。这将为中国“新举措”的实施及其政策愿景的实现提供重要启示。

第五,分析中国构建大科学工程组织的局限与对策。本书从“单位体制”“锦标赛体制”和“项目制体制”3个角度阐明中国当前构建大科学工程组织的体制局限,并通过对“两弹一星工程”与中国科学院的大科学工程组织模式做出详细讨论,分析中国构建大科学工程组织的历史局限。在明晰体制局限与历史局限的基础上,结合大科学工程组织的治理结构冲突与演化研究结果,分析中国构建大科学工程组织的对策。

二、研究方法

根据研究问题与研究内容,同时,也为了解决无法获得中国“新举措”具体实施情况的局限,本书拟采用以下研究方法:

第一,理想类型分析。理想类型(ideal type),又被译为“理念类型”或“理想典型”,是通过单方面地突出一个或更多的观点,通过综合许多散乱的、无联系的,或多或少存在、偶尔又不存在的、具体的、个别的现象而成的,这些现象根据那些被单方面地强调的观点而被整理成一个统一的分析结构和概念模式图景[144]。理想类型不是“假设”,也不是自然科学的平均值,更不含有需要实现某种伦理目的的意义,它的作用在于为假设的形成指明方向,为描述提供清晰的表达手段[145,146]。交易成本理论划分的 3 种组织形态,其实质就是理想类型。因此,在特定的理论框架下,通过对现象的分析归纳,我们尝试构建出大学与大科学实验室在科研组织模式上的治理结构理想类型,为本书的研究奠定基础。

第二,博弈分析。博弈分析是研究某个人或组织,在一定的规则约束或环境条件下,依靠所掌握的信息,进行策略选择并加以实施,并由此获取收益的过程。在这里,博弈分析是作为一种佐证性的检验方法被使用。因为,理想类型是通过强调和突出单方面观点以重新整理相关现象所构建的概念模式图景。面对现有的研究局限,我们在重新界定了科学家行为假说的基础上,通过对大学与大科学实验室这两种治理结构下的“大学教师－雇主”和“科学家－雇主”关系进行博弈分析,对大科学工程组织的治理结构原因进行佐证检验。

第三,基于面板数据模型的定量分析。面板数据综合了时间序列数据和横截面数据,是现代定量研究的重要分析工具之一。使用面板数据可以较好地确定和估计一些由纯粹横截面或纯粹实践序列无法确定的相关关系,同时,面板数据模型允许我们构造和验证更为复杂的行为模型,能够处理和解决因果推断中观测不到的变量。对于本书所搜集到的面板数据,本书采用了统计软件STATA做出处理。我们正是通过这个方法研究大学治理结构的实际运作,揭示出大科学工程组织的治理结构冲突后果。

第四,历史分析。历史分析是一种运用发展、变化的观点分析客观事物和社会现象的方法。制度也是一种社会现象,它是发展与变化的。如果要理解某种机制改革或制度变迁,往往需要回到历史当中,因为历史包含了许多可能导致今天的制度走向另一条道路的途径。具体的历史条件和环境可能更有助于解释为什么有些制度变革能够成功,而有些则最终失败。只有追根溯源,弄清来龙去脉,才有可能提出符合实际的解决办法。在本书的研究局限下,历史分析成为本书的主要研究方法之一,因为各种有关于第二次世界大战、“曼哈顿工程”以及中国“两弹一星工程”等方面的史料,是可以方便获取的。只要具备合适的理论框架,就可以使得这些史料发挥出应有的价值。此外,对于历史分析,由于不可能直接观察到事件的最初与发展情况,因此,这里更强调社会科学想象力的运用。

第五,文献研究法。通过对国内外相关文献进行梳理、归纳和分析,对当前的治理与治理结构研究、大学治理结构研究、大科学工程或大科学实验室的相关治理或管理研究等形成深刻的认识,在不同的理论之间形成对话,借鉴已有的研究方法,从而为本研究提供坚实的理论基础和保障。

最后,为了更好地说明本书的研究内容和研究逻辑,我们给出了本书的整体研究框架,如图 1.1 所示。

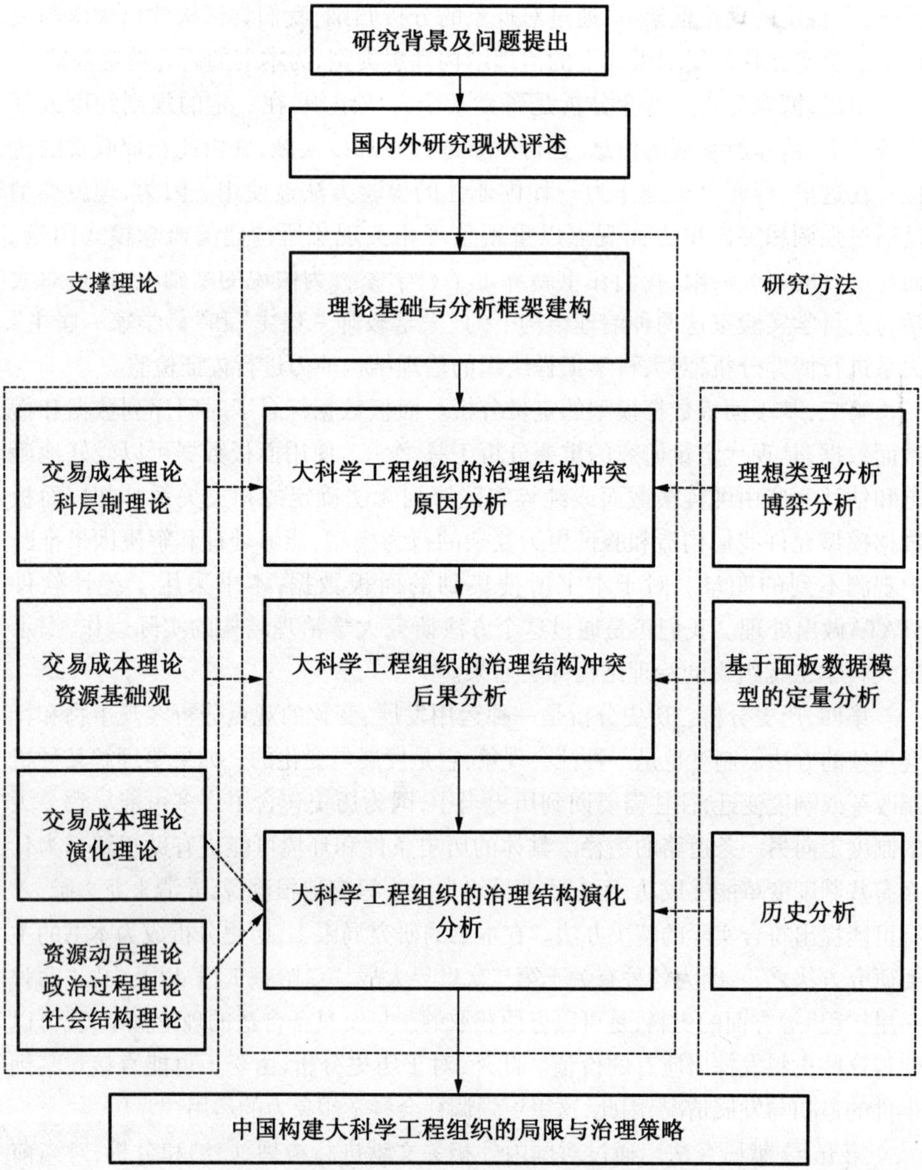

图 1.1　整体研究框架

Fig. 1. 1　Framework of the research

第二章 理论基础与理论构建

本章的主要安排是：在第一节中，介绍治理结构分析的交易成本理论基础，这涉及交易成本理论的基本假设与核心维度。在第二节中，导入韦伯的科层制理论，将其与交易成本理论做出整合，构建治理结构冲突原因分析的理论基础与分析框架。在第三节中，导入资源基础观，将其与交易成本理论进行整合，构建治理结构冲突后果分析的理论基础与概念模型。在第四节中，一方面，整合资源动员理论、政治过程理论与社会结构理论，构建"社会运动"分析框架，用于分析治理结构演化的初始条件；另一方面，导入演化理论的一些分析思想，将其与交易成本理论做出整合，构建演化交易成本分析框架，用于分析治理结构演化的路径指向。

第一节 治理结构分析的交易成本理论基础

一、交易成本理论的基本假设与核心维度

"交易之发生，源自某种产品或服务从一种技术边界向另一种技术边界的转移，由此宣告一个行为阶段结束，另一个行为阶段开始"，转移过程中产生的"摩擦"就是交易成本[147]。"摩擦"主要来自有限理性和投机行为，这是交易成本理论对人类认知与行为所做出的基本假设[147]。在这个基本假设下，交易成本理论形成的核心研究维度是"资产专用性"，指的是在不牺牲生产价值的条件下，资产可重新用于不同用途和由不同使用者使用的程度，交易成本理论的许多可驳性蕴涵和实证研究主要依赖这个维度实现[148]。目前已经识别出的资产专用性类型有 6 种[148]：

第一，场地专用性（Site Specificity）。买者和卖者彼此处于一种"紧挨着"的关系，这种安排反映出为使库存和运输成本最小的事前决策。场地一旦决定，

放置其中的资产就高度固定。

第二，实物资产专用性(Physical Asset Specificity)。交易一方或双方对设备和机床之类的实物资产进行投资，而资产的设计特点专用于该交易，在其他用途中价值较低。

第三，用途专用性(Dedicated Asset Specificity)。供应商只是为了向某个特定客户出售绝大部分的产品，否则就不会进行的投资，若合约提前终止，供应商将面临严重的生产能力过剩问题。

第四，人力资本专用性(Human - Asset Specificity)。对"干中学"过程中产生的人力资本专用关系进行的投资。

第五，时间专用性(Temporal Specificity Specificity)。资产必须按照特定的命令或秩序使用，其使用过程有一个特定的时间表，如果不能在规定的时间内供应或生产，就会导致价值损失。

第六，品牌资本专用性(Brand Name Asset Specificity)。即对特定的品牌做出大量投资，从而保证品牌价值。由于这种专用性主要是在特许经营权方面应用较多，与本书关系不大，所以在后文不对这种专用性做出分析。

当有限理性、投机主义和资产专用性的作用与影响不能被忽略时：①随着资产专用性程度的增大，交易双方会从即时市场交易关系演变为具有高度相互依赖性的双边关系；②由于存在投机主义，在这种高度的双边依赖关系中，交易双方很有可能为了占用专用资产的准租金而进行"敲竹杠"；③由于存在有限理性，人们不可能在事前制定一个完备合约，以规范事后可能产生的所有意外[149]。此时，就产生了治理的需求，即通过建立组织，把各种交易组织起来，从而"经济合理地运用有限的理性，同时又能保护他们免受投机行为之苦"[107]。

交易成本理论把基于科层制组织的企业(又被称为"一体化治理结构"，这两个概念是等同的)和基于价格体系的市场视作不同的治理结构[107]。自20世纪70年代以来，大量的实证研究检验证实了交易成本理论的一个核心假说，即对于某项交易，当其中投入的资产专用性程度很低时，更有可能采用市场治理结构，随着资产专用性程度的提高，采用科层治理结构的可能性就会随之增大。例如，Joskow通过考察发电厂和煤供应商纵向一体化的程度以及他们对相互间长期合约和现货市场购买的依赖，检验场地专用性对治理结构选择的影响，发现与煤矿相邻近的电厂比其他燃煤电厂更有可能实行纵向一体化[150]。Masten对美国某航天公司的一个大型系统所需部件的内部生产还是外部采购决策进行了实证分析，证实了部件设计的专用性程度越高，选择纵向一体化的治理结构的概率就越是高于市场交易的治理结构[151]。Lyons 通过调查英国1 326间关于机械工程、汽车、电子和金属加工的企业，证实当技术设计不具有专用性时，这些企业倾向于从市场购买相关生产要素，当技术设计具有很高的专用性时，这些企业大多数会做出内部生产的纵向一体化决策[152]。Monteverde 和 Teece 通过研究福特汽车公司和通用汽车公司在开发特定汽车部件时所投入的“工程劳动强度”，检验了人力资产专用性，发现“工程劳动”投入强度越大，大企业越有可能实行纵向一体化[153]。Lieberman 对 34 个有机化学产品生产企业进行研究，验证了当产品输送工具是为了满足客户的特定用途而进行设计的时候，例如专门输送气体产品的管道，下游厂商倾向于与上游原料商纵向一体化[154]。Masten、Meehan 和 Snyder 通过对现代海军造船厂的研究，验证了时间专用性。他们指出，建造军舰是一个系统工程，时间是一个关键的因素，任何一个部件生产的延误都有可能导致整艘军舰的延误和大量资金的浪费，如果通过市场来进行交易，时间专用性可能会引致“锁定”，从而被“敲竹杠”，此时，纵向一体化就更有可能被采用[155]。Nickerson 和 Benito 等人分别对美国和欧洲的货车运输行业进行了研究，同样验证了时间专用性对采用公司司机（纵向一体化治理）还是个体户司机（市场治理）决策具有重要的影响作用[156,157]。

二、交易成本理论的基本分析框架

交易成本理论进一步提出，市场治理和科层治理分别对应着强激励机制与弱激励机制。其中，强激励机制是在市场的分散权力下使用的激励机制，指的是行动者握有剩余索取权，能获取全部净收益；弱激励机制是在一体化（或科层制）的集中权力下使用的激励机制，又被称为“组织激励机制”，如固定而有规律的薪酬、奖金或提拔[147]。这两种治理结构的激励机制不可替换，因为：

第一，如果在科层治理结构内部采用强激励机制，由于占用准租金的刺激，可能导致内部的机会主义比外部要大，反而增加交易成本[158]。并且，采用科层治理的原因是为了获取更大的决策适应性，而强激励机制很有可能会扭曲科层的决策和操作，导致“选择性干预”的无法实施和资产使用的低效率[159]。

第二，如果在市场治理内部采用弱激励机制，一方面，“选择性干预”与分散化决策的冲突，极有可能导致价格机制的失效；另一方面，用“选择性干预”替代价格机制需要增加治理成本，这种成本可能无法从决策适应性的收益中获得补偿,从而导致净治理成本大于零[149,159]。

通过上述分析,一方面,我们可以得出一个交易成本理论的基本分析框架与逻辑,如图 2.1 所示:资产专用性的程度可以确定某项交易应当采用何种治理结构,而激励机制与治理结构的对应性,则界定了组织这项交易的边界,并且边界两侧的组织形态不可替换。否则,一个能够囊括所有交易的“巨型企业”就会成为可能。

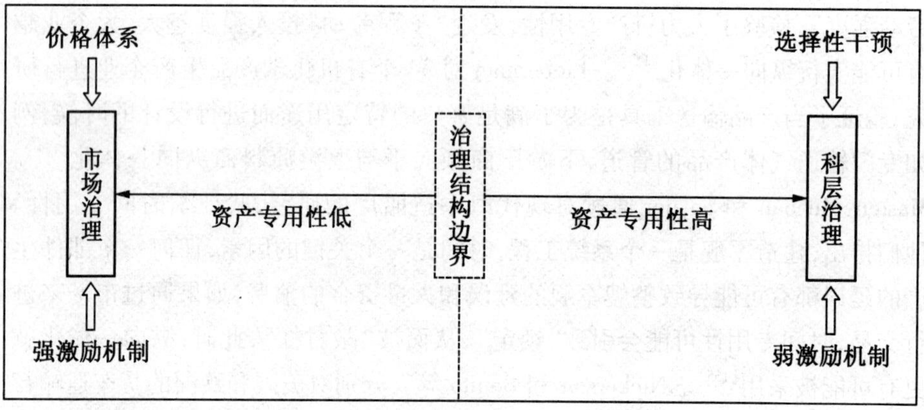

图 2.1　交易成本理论的基本分析框架

Fig. 2.1　Framework of transaction cost theory

另一方面,通过对交易成本理论的基本假设与核心维度做出介绍,也表明了我们选择这个理论作为本研究理论核心的原因:①投机主义与有限理性的基本假设,以及这个理论关于减少交易成本的目的与取向,有助于从更具操作性的角度考察某种组织构建的合理性,以及作为组织设计的出发点;②以“资产专用性”作为核心研究维度,就提供了一种解释“某种特定的交易关系”需要采用“某种特定治理结构”的客观原因,并为实证研究提供了可行手段;③这个理论并不着重具体的组织架构,而是以交易成本作为组织的治理结构边界划分条件,彰显出不同治理结构内部有着不同的运行机制,这有助于进行组织形态或组织类型的研究,以及组织间的关系分析。

不过,正如前面所强调,以交易成本理论为基础的“组织形态学意义上的治理结构”提供了研究的契机,但这个理论本身仍在不断的发展与完善中,如果要解决我们所面临的问题,还需要整合其他理论。

第二节　治理结构冲突原因分析的理论基础与理论构建

一、科层制理论的导入

无论是为国家培养人才，还是提升大学竞争力，"新举措"的这些政策目标和价值预期的实现都是以建立基于大学与大科学实验室的科研合作关系为前提的。当考察"一体化模式"下的大学与大科学实验室时，我们并非要研究这两种组织的所有方面内容，而是要有选择地突显大学与大科学实验室的科研活动特征，并对此做出比较分析，从而探索这两种组织建立何种合作关系能提高大科学工程组织的运行效率。也就是说，虽然"一体化模式"起源于美国，但并没有证据表明这是大科学工程组织的唯一模式，更没有证据证明"一体化模式"是最有效率的大科学工程组织模式。这是我们对"一体化模式"所提出的质疑。

物理史学家曾提出了"小科学"与"大科学"两个概念来形容大学与大科学实验室的科研活动特征。这两个概念很快便得到了普遍的承认和广泛的使用，因为，这两个概念能引起人们对大学和大科学实验室相关科研现象的联想。例如，大学追求自由研究、探索真理和"为科学而科学"等，而大科学实验室要完成国家战略目标、拥有大科学工程和需要大规模的团队协作等。然而，这两个历史学概念虽然有利于对经验现象做出直观的分类和描述，却缺乏准确性，且容易发生混淆。如 DNA 的发现过程，有观点认为属于大科学，有观点则认为属于小科学。因此，如果要对"一体化模式"的质疑进行论证，就要把这种对大学与大科学实验室在科研活动特征方面的含糊认识转变为更精确的、有利于进行解释性分析的概念。

社会学家马克思·韦伯的"理想类型"为概念的转变提供了分析方法。"理想类型"近似于自然科学研究中所使用的理想模型，具有离开现实而又以此更好地认识现实的作用[160]。如物理学中的"质点"就是一个理想模型。理想类型虽然是抽象的，但不是空想，而是可以用于说明客观经验事实的[161]。需要注意的是，"理想类型"之所以理想，并不是指乌托邦或可能存在的最好现象，更不是要去实现某种伦理目的，而是因为它是单方面的夸张，而且经常是对既存现象在理性上的夸大，然后将符合单方面所强调的观点的个别现象，综合成为一个自身统一的分析结构[162]。构成"理想类型"的各种因素虽然存在于现实中，但极少甚至根本未曾以这种特定的形式存在过[145]。实际上,“科层制”就是韦伯所提出的最为著名的“理想类型”。

当以“小科学”和“大科学”构建能表述大学与大科学实验室科研活动特征的“理想类型”时,我们希望将这两个概念放置于一个统一的框架下,使其具有可比较性,就如图2.1所示的“交易成本理论的基本分析框架”。可以说,交易成本理论中的“市场治理结构”和“科层治理结构”(一体化治理结构)正是截然对立的两种“理想类型”,因为在现实中,很少会存在纯粹的“市场”或“科层”,但这两种治理结构却能够帮助我们更好地认识“市场”与“科层”组织。如果基于交易成本理论的这两种治理结构来构建“小科学”和“大科学”的“理想类型”,一方面可以统合与科研相关的“资产专用性”因素,突显出两种组织类型得以成立的不同的客观基础,另一方面则可以统合与科研相关的“内部运行机制”因素,突显出两种组织的差异性特征。

但是,从本章第一节可知,交易成本理论的分析框架主要从成本与效率关系的经济考虑来研究组织结构的选择问题,它适用于以经济结果为主要目标的商业组织,但却无法直接应用到非商业组织[163]。例如本研究所关注的大学与大科学实验室科研组织问题。而且,单纯的“强激励机制”和“弱激励机制”并不能完整表述出一个组织内部的运行机制。为此,我们借助了韦伯在科层制理论中的一个核心观点,对交易成本理论的基本分析框架做出了扩展。

二、理论整合与分析框架

韦伯建立科层制理论的基石是“完全理性”(完全的工具理性或价值理性),虽然成功表述了现代社会组织的共性特征[164],但“完全理性”足以使这个理论忽略科层组织与其他组织的区别,甚至在逻辑上,科层制应当扩张至整个社会成为唯一最有效率的组织形式——这是后来学者批判韦伯科层制理论的主要根源。但这种“夸张”正是“理想类型”的特点所在,重要的是,这种“夸张”突显出了科层制理论的一个核心观点,即公务人员在责任、权力和利益(以下简称“责权利”)方面有明确界定,这是现代组织的建基核心。因为,不论商业组织还是非商业组织,责权利的界定都是组织中每个成员实现组织目标的保障和动力,更是组织内部运行机制的高度概括。

交易成本理论关于科层组织的认识源自韦伯,在有限理性、投机行为和资产专用性的约束下,交易成本理论下的科层组织既不能无限扩张,也不一定最有效率,而是与“市场”相对的一种治理结构,这区分了两种理论语境下的“科层组织”。不过,考虑到交易成本理论下的治理结构与特定的激励机制相对应,这为我们提供了桥接两种理论的契机:

第一,激励机制的实质是一种利益分配机制,而科层制理论认为责权利是对等的,如果说激励机制与治理结构一一对应,那么权力机制和责任机制也必然如此。

第二,在交易成本理论视角下,市场与科层一样,既是一种组织也是一种治理结构,因此,除了激励机制外,市场亦应披挂相应的权力机制和责任机制。

第三,市场组织对应自发责任机制、分散化权力机制和强激励利益机制,而科层组织对应配置责任机制、集中式权力机制和弱激励利益机制。

对于利益机制,可参照本章第一节中关于强激励机制和弱激励机制的介绍。需要说明的是“权力机制”和“责任机制”。一方面,对于非经济环境,尽管可能存在类似于市场的治理结构,却不一定以价格体系的形式呈现出来。不过,我们也知道,分散化权力机制正是市场价格机制的前提,价格体系是经济环境下分散化权力机制的一种表现形式,因此,这里用分散化权力机制取代图2.1所示的分析框架中的价格体系。至于“选择性干预”,它的实现正是以集中式权力机制作为保障的。另一方面,对于责任机制,在一个科层组织的内部,责任源自组织的配置与安排,每个成员都有着明确的分工,每个部门和岗位都有着明确的要求,因而保障了大规模组织的控制和协作以及组织目标的实现;而在市场上,责任来源却是多元化的,在不违反社会道德与法律法规等制度的前提下,市场中的成员并不存在明确的组织职务,也就不存在与职务对应的明确责任,责任主要来源于个体的自发意识。例如,消费者并不是个体的职务头衔,他也不需要因为一家商店面临破产而大量购买其产品。所以,我们将科层组织的责任机制称为“配置责任机制”,而将市场组织的责任机制称为“自发责任机制”。

接着,这里的理论桥接可以从组织外部和组织内部两个维度做进一步区分。

从组织外部维度来看,由于市场与科层是两种不同的治理结构,其责权利机制是不可替换的。一方面,假如科层与市场之间的责权利机制中的任何一项具有替换性,如权力机制,必然要求其他两项也具有替换性,否则,责任、权力和利益三者的不对等将导致组织管理的混乱;另一方面,假如替换不会导致混乱,这不仅说明两种治理结构没有区别,更是对交易成本理论的完全否定,从而使得组织设计失去意义。

从组织内部维度来看,市场与科层在各自的资产专用性特征和责权利机制作用下,其组织内部成员会形成不同的关系类型。对于市场,主要适用于投入“通用资产”或“非关系专用资产”的交易①,组织内的交易各方相互独立,甚至近乎匿名,责权利机制主要作用于个体,而非个体与个体之间的关系,市场组织的内部成员分散且自治。而对于科层,主要适用于有关系专用资产投入的交易,组织内的交易各方相互依赖,责权利机制作用在横向和纵向交织的关系中,资产专用投入的程度越高,数量越多,则组织内成员的依赖关系越紧密,关系性质越复杂。

至此,我们将交易成本理论与韦伯科层制理论中的“责权利”观点进行了整合,构建了本研究的“理想类型”分析框架,如图2.2所示。在第三章里,我们将利用这个分析框架,归纳大学与大科学实验室的小科学与大科学科研活动现象,基于“资产专用性”“责权利机制”以及“内部成员关系”构建这两种组织的治理结构理想类型,进而通过这两种理想类型的比较分析,揭示出大科学工程组织的治理结构冲突原因。

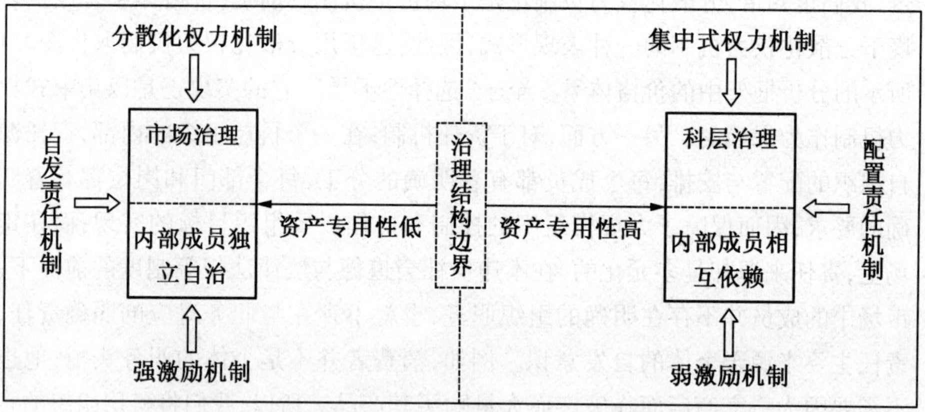

图2.2 整合科层制与交易成本理论的“理想类型”分析框架

Fig.2.2 Ideal type analysis framework by combining the theories of transaction cost and bureaucracy

① 克莱恩(Klein)、格劳福德(Grauford)、阿尔钦(Alchian)和威廉姆森(Williamson)进一步指出,有的专用资产是带“辖辘”的,其专用性取决于资产所有者自身的特性,而有的专用资产会引致双边或多边依赖,为此,他们把专用资产细分为“非关系专用资产”和“关系专用资产”,其中,前者更适用于市场治理,而后者更适用于科层治理[158]。换言之,“非关系专用资产”和“通用资产”的治理结构是等同的,这强调了人与人之间所建立的“交易”关系是制度分析的关键。

第三节 治理结构冲突后果分析的理论基础与理论构建

一、资源基础观的导入

通过理想类型分析，有助于摆脱认识的模糊性，将大学与大科学实验室的小科学与大科学特征变得清晰，从而可以揭示出大科学工程组织的治理结构冲突原因。然而，这并不能很好地说明，为什么大科学工程组织的治理结构冲突会表现出大科学实验室的资源被大学争夺的后果，也未能说明为什么"新举措"所预期的资源互补未能顺利实现。如果要对这样的后果进行解释，就需要在"理想类型"的基础上，进一步构建能够直接应用于指导实证研究的理论基础与分析框架。为此，我们整合了交易成本理论与资源基础观的理论主张，构建了本书的"治理结构概念模型"。

通过本章第一节中对交易成本理论的介绍可知，这个理论在某种程度上可以被看作是一个"减少成本"的理论，而非"价值增值理论"。但是，交易对象的选择以及交易关系的确立，并不单纯取决于如何减少交易成本，还取决于交易双方能否从中获取自身所需的资源，因此，交易成本理论有着与资源基础观做出整合的可能性与必要性[165,166]。

资源基础观首先由 Wernerfelt 正式提出，于 20 世纪 90 年代开始得到广泛的应用，随后迅速发展成为战略管理领域的代表性理论之一[167]。资源基础观认为，独特的、关键的和异质性的资源是企业提升绩效和实现持续竞争优势的源泉和保证[168]。这一假说得到了大量实证研究的支持[168]。作为资源基础观的开创者之一，Wernerfelt 认为资源包括"企业所拥有的永久性资产，如品牌、技能型员工、内部的技术知识、贸易联系、高效的程序和资本等"[168]。而 Barney 认为，对于企业而言，资源是"一个企业所控制的并使其能够制定和执行改进效率和效能之战略的所有资产、能力、组织过程、企业特性、信息和知识等"[169]。不过，更为普遍的情况是资源被直接分为有形资源和无形资源，前者主要是指组织中的有形资产，而无形资源则可以继续划分为 5 类，即市场和关系类、人力资本类、技术类、基础结构类以及无法归入上述几类的其他无形资产[170,171]。

从近年的资源基础理论文献来看,学界对于各类“资源”有了更为深刻的认识。相对于有形资源,无形资源被认为是真正实现企业持续竞争优势和获取超额利润的原因,而在无形资源当中,人力资本被认为是最重要的,因为它不仅仅是其他无形资源的载体,同时也是发现、占据有形资源并使之实现价值生产的关键[172-175]。人力资本的这种重要性使得企业被看作是非人力资本与人力资本的一种合约[176]。但问题也出在这里,资源基础观虽然很好地解释了企业的异质性及其竞争优势来源,但它本身并不能很好地解释特定的资源应当采用怎样的治理安排[177]。这方面的不足,也使得资源基础理论有着与交易成本理论融合的可能性与需求。

通过对资源基础观的理论介绍,可以肯定的是,它能够使一个企业获得有异于其他企业或竞争优势的资源,显然是这个企业的专用实物资产或专用人力资本,反过来也是成立的。区别在于,资源基础理论强调价值的增值与获得资源的途径,而交易成本理论则强调如何在最小的交易成本前提下保护投入的专用资产。这使得交易成本理论与资源基础观有着很强的互补性。

二、理论整合与概念模型

整合了交易成本理论和资源基础观的研究发现,一方面,对于交易成本理论而言,资产专用性的作用不仅在于影响治理结构的选择,作为一种独特的组织资源,它的一个重要经济后果应当是能够促进组织的效率和绩效,为组织带来竞争优势,这为资产专用性的计量提供了更具操作性的手段[178]。

另一方面,对于资源基础理论,在涉及专用资产(即独特而关键的有形和无形资源)时,往往伴随着专用人力资本的投入,不仅是因为专用人力资本是其他资源的载体,同时,这些专用资产亦需要专用人力资本来进行使用、管理和监督[179]。因此,通过股权分配或提供某种近似于终身职的长期职位,使得专用人力资本与公司一体化,就成为企业用来保障专用资产价值的一种治理安排,实证研究证明,这类治理安排对于企业的组织专用资产与运行绩效关系起到正向的调节作用[180-181]。

我们将这两方面内容所体现的逻辑关系用图 2.3 来表示,这种逻辑关系正是企业的治理结构概念模型,并可以从中引申出 3 个能够应用于实证研究的关键假设:

假设 1:专用人力资本与企业运行绩效正相关;

假设2:企业组织专用资产与企业运行绩效正相关;

假设3:专用人力资本作为一种治理安排,对企业组织专用资产与企业运行绩效关系正向调节。

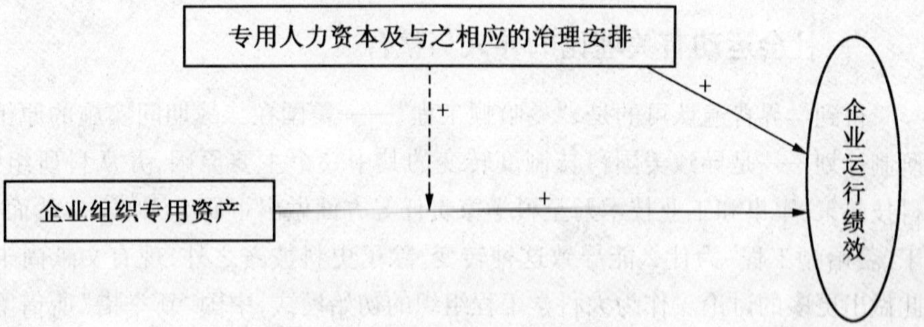

图2.3　企业的治理结构概念模型

Fig. 2.3　Concept model of firm governance structure

注:实线与“+”表示专用人力资本与企业专用资产对运行绩效的正向促进作用,而虚线与“+”表示专用人力资本的治理安排对企业专用资产与运行绩效的正向调节作用。

综上所述,一方面,在交易成本理论中,企业是典型的科层治理结构(一体化治理结构)。而从图2.3所示的“概念模型”及其引申出的3个关键假设,特别是“假设3”,可以清楚看到,专用人力资本对组织专用资产与企业运行绩效关系的正向调节,正是体现了“科层治理结构理想类型”中,“责权利一致”和“资产关系专用性程度高”等方面特征,这在文献[177,180,181]中已经得到证实。这表明,我们在这一小节里所形成的“企业治理结构概念模型”及其中的相关关系,与“科层治理结构理想类型”是具有内在一致性的。

另一方面,虽然未能找到针对“市场治理结构”的类似研究,毕竟从市场交易转变到内部交易之后的组织研究更受到人们关注,但沿着这里图2.3所示概念模型的思路,结合我们所要研究的具体问题和具体对象,则完全可以基于交易成本理论和资源基础观,构建出用于分析大科学工程组织治理结构冲突后果的“概念模型”,并从中引申出能够应用于实证研究的假设。

第四节　治理结构演化分析的理论基础与理论构建

一、社会运动有关理论的导入与整合

得到学界普遍认可的是,“曼哈顿工程”——美国在二战期间实施的原子弹研制计划——是导致美国科技制度转变的其中一个主要原因,并从科研组织、科技政策、军事和工业技术乃至科学家责任等方面做出了研究[182,183]。然而,对于“曼哈顿工程”为什么能导致这种转变,除了史料披露之外,现有文献尚未对此做出更多的讨论。作为大科学工程组织的初始模式,中国“新举措”所借鉴的“一体化模式”,是在“曼哈顿工程”实施与演进过程中形成的。我们认为,“曼哈顿工程”使得美国原有科技制度发生变革,这恰恰是大科学工程组织最先得以在美国本土诞生和获得后续成功的一个深层制度因素,并构成了大科学工程组织的治理结构演化初始条件。这个观点的论证,将通过整合资源动员理论、政治过程理论和社会结构理论等社会运动理论所构建的分析框架来实施。

资源动员理论。在以往的社会运动理论范式中,运动参与者被假设为“非理性”的,20 世纪 70 年代兴起的资源动员理论,则认为社会运动参与者是“理性人”[184]。奥尔森指出,在“成本－收益”权衡中,只有一种独立的和选择性的激励会驱使潜在集团中的理性个体采取有利于机体的行动[184]。奥伯肖尔、麦卡锡和扎尔德等学者发展了奥尔森的理论。奥伯肖尔指出,弱势群体的社会运动经常由来自外部精英提供的资源和支持的注入而引起[184]。麦卡锡和扎尔德认为,由于可利用资源的增多,人们更容易发起社会运动,这种社会运动的特征在于不是由草根民众所发起和主导,而是由专业改革者所领导[185]。

政治过程理论。政治过程理论也接受“理性人”假设,侧重研究社会运动所处的政治环境和运动参与者能够获得的外部资源,强调政治制度、社会精英的支持等如何影响到运动参与者的行动策略和组织形成等,往往被应用于资源动员背景的分析[186]。Eisinger 理论的核心是“政治机会结构”,指的是“群体最有可能接近权力并且操纵政治系统的程度”[187]。蒂利提出“政治模型”的分析框架,认为对于社会运动参与者而言,各种政治条件有可能分别形成有利于或阻碍诉求的机会或限制[188]。麦克亚当在研究美国黑人运动的政治过程和发展时,强调了社会运动能否成功的因素有以下 3 个:扩张的政治机会、内生组织强度和认知解放[189]。

社会结构理论。"社会结构"是社会学理论的一个核心概念,它是在铭刻于人类身体和思想中的习惯和技能中发现的,这些习惯和技能使人们生产、再生产并改变制度结构和关系结构成为可能[190]。阿切尔认为,"没有结构,就没有行动",行动必然是在它们出现的社会背景中组织起来的[190]。涂尔干也指出,社会结构源自于人们对某种特定的概念、逻辑思维、范畴或框架之类的"共同知识"的信仰[191]。例如,当人们集体信仰宗教时,宗教知识便生成人们行动的社会结构,人们在这种结构下生产和再生产宗教社会制度、建立彼此的关系以及认识自然界。而当科学知识取代宗教知识成为人们的集体信仰,社会结构也会变迁,进而改变了人们的认知框架和行动逻辑。正如涂尔干所说,数学和物理等科学知识在上千年前就有了,但人们用这些知识来思考世界、思考天上的月亮和地球之间的关系却是最近的事情[191]。

社会运动分析框架。资源动员理论表明,领袖的不同会给社会运动带来不同的可利用资源,这表现在参与者与支持者的类型上,从而影响到社会运动的发动规模。在资源动员理论的基础上,政治过程理论进一步指出,能否拥有合适的政治机会和强有力的内生组织,特别是,能否实现认知解放,影响到了社会运动的成功概率。而认知解放则会推动社会结构的变迁,生产出新的认知框架和行动逻辑。这些理论的逻辑关系构成的分析框架如图 2.4 所示。

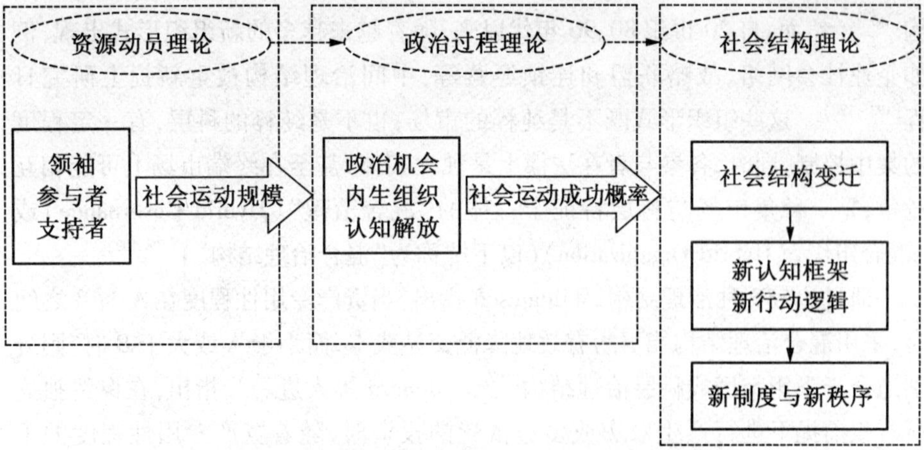

图 2.4　演化初始条件分析的社会运动分析框架

Fig. 2.4　Framework of social movement for initial conditions analysis of evolution

二、混合治理和演化理论的导入与整合

就如我们在“导论”中提到的,起源于美国的“一体化模式”,其在美国本土已经发生了深刻变化,对于一些曾经因这种模式而著名的大学,它们的大科学实验室已经独立出去。在美国,这些独立出去的大科学实验室不仅形成新的管理模式,并以新的方式与大学重建了合作关系。然而,这样的变化并不彻底,因为美国的另一些大学仍然将大科学实验室放置于自身的组织边界内,继续采用典型的“一体化模式”,并且暂时未见改革的迹象。

借鉴自美国“一体化模式”的“新举措”实质上是一种制度的“移植”。考虑到中美两国的制度与历史差异,“一体化模式”在美国本土所获得的成功并不一定能被中国复制。如果能回答由上述经验现象所产生的问题,将有助于探索“新举措”走出困境的对策启示。而交易成本理论学家近年来在“混合治理结构”以及“制度变迁”方面的研究成果,为我们的分析提供了理论基础,使我们得以构建进一步研究的分析框架。

(一)混合治理结构与桥接机制

交易成本理论曾认为大多数交易都可以归结到科层和市场两种治理结构或组织形态中[147]。虽然也有研究探寻过介乎市场与科层之间的中间治理结构[192],但这种治理结构被认为是不稳定的,最终会转向市场或一体化治理结构[147]。然而,自20世纪80、90年代以来,随着越来越多的新组织形式出现,例如企业社会网络、战略联盟和连锁经营等,中间治理结构被重新提上研究日程[193-196]。这些组织形式既不是纯粹的市场,也不是纯粹的科层,有一定程度的集中控制,同时,各参与者在法律上是独立实体,甚至在终端市场上可能相互竞争,是一种集市场与科层特征于一体的“混合治理”(Hybrid Governance)或“混合组织”(Hybrid Organization)(以下统称为“混合治理结构”)[108,109]。

通过比较3种治理结构,Williamson指出,当资产专用性程度在A与B之间时,采用混合治理结构能更为有效地降低交易成本,而小于A或大于B时,则分别适合于采用市场或科层治理结构[107]。Ménard等人进一步指出,在保留独立所有权前提下进行产生双边或多边依赖的投资时,随着资产专用性程度的不同,混合治理结构会表现出不同的形式,在A与B之间,越偏向于A,则越有可能表现为非正式的社会网络,越偏向于B,则越有可能表现为某种联合治理实体[108],如图2.5所示。

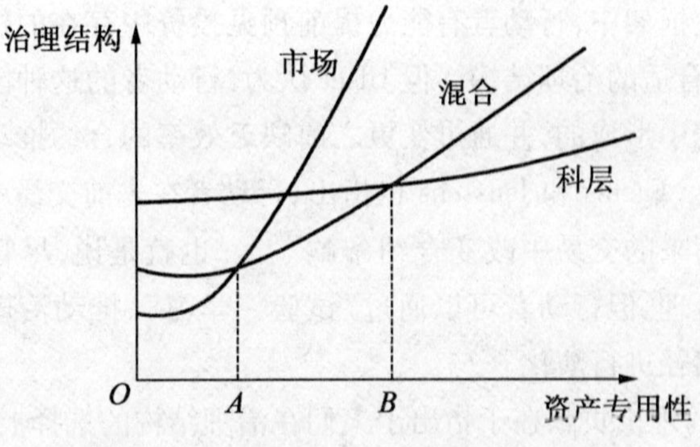

图 2.5　混合治理结构与资产专用性的关系

Fig. 2.5　Relationship between hybrid and asset speicifity

有学者把混合治理结构看作是链接市场与科层交易成本边界之“桥”[110]。两种治理结构内的机制可以通过“桥”传递到边界外进行适应性组合，“桥”的构型也因组合的不同而各异。由此可见，与科层与市场两种治理结构相比，作为第三种组织形态的混合治理结构，实际上是 A 与 B 之间所有可能的具体组织形式的集合。换言之，A 与 B 之间的混合治理区域，是一个组织与制度多样化区域，蕴含了无限的组织与制度创新可能性。

综上所述，从交易成本理论的角度来看，依托大学建立和管理大科学实验室的“一体化模式”是“科层治理结构”（一体化治理结构）的大科学工程组织模式，而大学和大科学实验室在相互独立的前提下，于组织边界外通过“联合研究机构”重建合作关系所形成的新模式则是“混合治理结构”。问题是，前者为什么要转变为后者？

（二）演化理论的导入

以往基于交易成本理论的实证研究多数是基于截面数据定量或定性的静态分析，以及基于“成本 - 收益”的传统经济学逻辑，使得交易成本理论在治理结构变迁的解释上存在局限[109]。也就是说，交易成本理论虽然成功解释或预测了在特定的资产专用性程度下（小于 A、A 与 B 之间或大于 B），适合采用怎样的治理结构，却尚未解释：

第一，为什么有些交易不在一开始就采用合适的治理结构？

第二，治理结构如何从不合适转变为合适的？

对此，Ulset 等人引入演化视角，提出了“演化交易成本分析框架”。在原有的交易成本理论框架中,行动者有能力提前预见投资中存在的机会主义和签约困难,从而建立合适的治理结构。但 Ulset 认为,行动者的这种能力是在不断地试验和学习过程中形成的,并通过变更之前缺乏效率的合约推动了治理结构的演化与变迁[111]。Faems 和 Janssens 也指出,行动者在先前交易中学习到的经验会促使他在接下来的交易中改变合约条款[197]。也就是说,尽管最初的治理结构选择可能不合理,但行动者可以通过"试验-学习",推动治理结构沿着交易成本最小化的路径进行演化。

Ulset 等人的理论贡献在于指出了人们在治理结构的选择上不是简单地、纯粹理性地取决于资产专用性特征,人的主观能动性作用不可忽视。然而,从实际的制度演化史来看,有时候并不能仅把某些治理结构的最初选择归结为行动者的认识能力不足。例如,在数千年的人类历史进程中,宗教制度的没落与科学制度的兴起也不过是最近的事情。又如我们这里要研究的美国大学与大科学实验室合作关系的演化史,"一体化模式"早在 1940 年左右就已经形成,却要到 1990 年之后才开始转变。再如中国在改革开放之前所实施的全面计划经济体制,在中国改革开放前的特定意识形态和社会环境下,尽管全面计划经济体制的不合理之处被认识到,但却是到改革开放之后才逐渐改变。换言之,当制度变迁的时间跨度很长时,特定的历史条件不可忽略。正如霍奇逊所指出,制度的历史特定性意味着演化过程和制度变迁具有历时性,强调的是制度差异化和对初始条件的路径依赖[198]。

历史特定性与 Ulset 等人提出的演化交易成本分析框架并不矛盾。因为,在某些特定的历史条件下,虽然行动者无法通过"试验-学习"而立刻推动制度发生演化,但却是演化得以实现的关键因素,否则当时机来临,如果不能认识到现存制度的不足,又如何对其做出改变呢?况且,相对于阻碍制度变迁的"旧"历史特定条件而言,"时机"实际上就是有利于实现制度演化的"新"历史特定条件。

因此,我们把"历史特定性"与"试验-学习"这两个维度做出整合,构建演化交易成本框架,用以分析历史跨度较长的制度演化,基本逻辑如图 2.6 所示,其中:

第一,"试验-学习"说明人们是在不断地经验学习中,累积起关于某种治理结构的认识。

第二,"历史特定性"说明需要考察历史因素在治理结构的最初选择和演化过程中的可能作用,特别是,需要考察治理结构的最初选择对演化路径的影响。

第三,制度应当是沿着交易成本最小化路径发生演化,这是交易成本理论的立论基础与基本出发点。

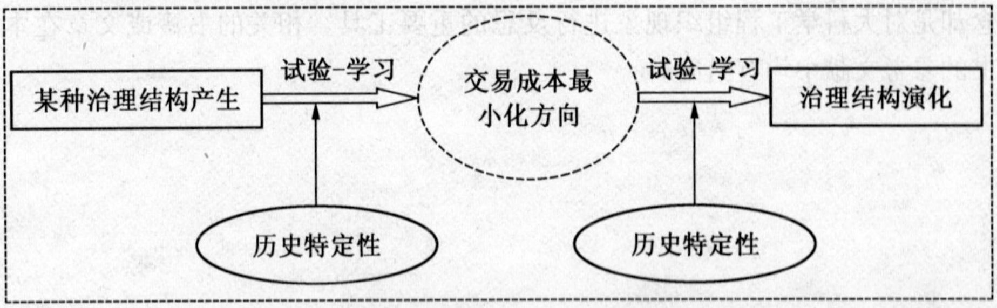

图 2.6 基于"历史特定性"和"试验-学习"的演化交易成本分析框架

Fig. 2.6 Framework of evolutional transaction cost based on "historical specificity" and "experience-learning"

大学与大科学实验室虽然并非企业意义上的经济组织,但"交易"也并非仅仅是指经济或货币意义上的交易,它表述的是某种关系的形成与维持,"交易成本"则是关系形成与维持过程中的"摩擦",通过建立合理的治理结构来减少"摩擦"正是交易成本理论的研究核心[199]。大科学工程、场地、研究人员的人力资本等资产是"一体化模式"赖以存在的资源基础,而这种大科学工程组织正是因大学与大科学实验室所建立的某种"交易"关系而形成的组织模式。如果"交易"关系发生变化,那么"一体化模式"也必然会随之改变,而根据交易成本理论,"交易"关系发生变化的主要原因在于降低交易成本。

综上所述,我们将借助社会运动视角及其分析框架,分析大科学工程组织的治理结构演化初始条件,在这个基础上,进一步借助演化交易成本分析框架,分析大科学工程组织的治理结构演化路径。

本章小结

在这一章里,我们导入了交易成本理论、科层制理论、资源基础观、演化理论和社会运动的相关理论,构建了整个研究的理论基础,并构建了相应的分析框架和概念模型。这一章可以说是本书的核心所在,因为,我们正是通过这些理论视角去重新审视大科学工程组织,去发现其中被忽略的经验现象,并由此做出一些新的判断。不过，对于这一章内容的理解，可能需要读者具备一些新制度经济学、交易成本经济学与社会学的背景知识，因为诸如“交易成本”“社会结构”以及“共同知识”等概念并没有在本书中给出非常详细的解释，但这些概念却是对大科学工程组织现象进行反思的重要工具。相关的书籍或文章在本书的参考文献中均有给出。

第三章 大科学工程组织的治理结构冲突原因分析

本章的论述安排如下:在第一节中,分析了"科学家"和"大学教师"的行为假说,表明本研究的治理结构分析符合交易成本理论应用的基本前提,也表明了本书关于"科学家"与"大学教师"行为假设的态度;在第二节中,基于治理结构冲突分析的理论基础与框架,透视大科学工程组织的内部治理结构,为大学与大科学实验室划分治理结构边界;在第三节中,解释了大科学工程组织的治理结构冲突原因,并对治理结构冲突后果进行了推测;在第四节中,利用博弈分析,对治理结构冲突原因做出了进一步的佐证检验。

第一节 治理结构分析的行为假说与基本前提

威廉姆森曾指出,"如果社会中处处充满高度理性,那么,组织设计和组织分析也就无用武之地了,因为高度理性的社会早已把一切事情计划好;如果没有投机问题,人们就会一致同意按共同利益最大化的要求行事,不需要其他经济组织来代替市场"[147]。这个论断不仅仅适用于经济组织,它同样适用于科研组织。在传统科学论里,"科学家"往往被看作是为追求真理和高尚的科学目标而毫无私利性的理想人[200,201]。从交易成本理论的角度来看,如果这种传统科学论的科学家行为是正确的,那么任何组织设计都将是多余的。

然而,事实并非如此。即使是17、18世纪及之前的"科学家"——尽管那时的科学研究不过是有闲阶级的业余爱好,并且,远离社会、经济以及政治中心——也从未真正符合过传统科学论的认识,作为科学共同体的一种主要激励制度,"科学发现优先权之争"充斥着整个科学史[202,203]。而19世纪末期,特别是二战之后,伴随科学事业的建制化和"科学家"的高度职业化,除了科学发现优先权之外,争夺项目和稀缺的科研资源,对于从事"科学家"职业的研究人员来说已经变得至关重要[204]。与此同时，越来越多的科研道德失范行为被揭露，并成为社会科学的研究主题之一[204]。

因此，自1970年以来，随着科学经济学、科学社会学以及科学知识社会学等学科研究的发展，带有理想色彩的传统科学家行为假说受到了普遍质疑，"科学家"逐渐被还原为有着多元目标和复杂动机的世俗人，其行为同样受到"利益最大化"的主导[205]。不仅仅是"科学家"，"大学教师"这个角色的行为假说也经历了从"理想人""公共人"到现在的"经济人"的变化[132]。这并不奇怪。当今的"大学教师"往往也是"科学家"，甚至可以说是传统科学家角色在现代社会的延续。因此，"大学教师"不仅同样需要争夺科学发现优先权，亦同样面临着项目与资源争夺的局面。如果对这两种职业角色的行为假说再局限于传统的认识之中，那么，无论是理论研究还是管理实践都有可能会被引入歧路。

综上所述，将交易成本理论对人类的行为假说应用到科学家和大学教师身上，是进行治理结构分析的基本前提。这样的话，科研组织活动完全可以看作是一种交易，因为它把"科学家"或"大学教师"的知识生产活动"从一种技术边界转移到了另一种技术边界"，在有限理性和投机行为的"摩擦"下，其间会产生交易成本，进而需要根据交易的特性建立合适的治理结构。

第二节　内部治理结构透视及其边界划分

一、大学治理结构

(一)组织内部维度下的资产专用性分析

场地专用性。普赖斯在《小科学大科学》中提到，早在1660年，各个科学学术团体的成员就在不同的学术机构和研究中心等串联而成的"通勤线路"上流动，这些学术团体则成为"无形学院"[8]。"通勤路线"和"无形学院"这两个词彰显出科学家在从事小科学研究与探索时，具有高流动性。这种流动性在时下科研活动越来越专业化的趋势下显得越发重要，除了大学之外，许多国家甚至专门建造实验室和科研网络作为公共实验平台，强化"通勤路线"和"无形学院"的作用，这些平台并不是专门为了与某个具体的个人或机构形成"紧挨着"关系而构建的。这说明了实体场地对于小科学并不具有明显的专用性。

实物资产专用性和用途专用性。对于科学研究而言，实物资产主要是指各种实验设备。小科学能够使用的实验设备非常广泛，并且这些实验设备大多数是标准化产品，商品化程度相当高，拥有相应的设备市场[1]。也就是说，生产这些设备的厂家并不需要为某个特定的研究机构投资建设专用的生产线和机床模具。例如，在设备供应市场中，一个仪器厂能够同时为多所大学供应产品，同时，一所大学能够同时寻找到多家仪器设备供应商。换言之，由于资产和用途上的专用性程度低，小科学组织本身与实验设备生产厂商之间很少，甚至没有必要建立高度的双边依赖关系，而是在近乎匿名的市场中进行交易。

人力资本专用性。在科学事业高度职业化和科学知识高度复杂化的今天，一个合格的科学家，大都是经历了漫长的知识学习和科研训练，才逐步掌握进行科学研究所需要的基本技能，并且，在工作过程中，还必须不断更新自身的知识库、做实验、调研、参加相关学术会议，等等。所以，一个科学家形成的科学知识必然是高度专用的，一旦转行，这些知识可能变得一文不值。例如，中国现在有很多工科的博士乃至博士后，通过考取公务员进入仕途后，以往的知识和技能可能因一生都用不上而荒废。

问题是，在企业，工人在培训后获得的知识，例如特定型号的车身制造，是高度专用于生产本身的，这种人力资本投入存在于双边关系中，但对于小科学而言，科学家经过培训获得的知识，更多时候是专用于他自身的，而不像工人的车身制造知识那样专用于企业。除了一些专门的科研任务或企业的定向应用研发之外，科学家在大学或其类似的研究机构中，并没有利用他们的知识专门为这些机构生产某种知识或产品。

小科学的专用人力资本，实质上更接近于威廉姆森所描述的“带轱辘”的、可以移动的专用实物资产，其专用性取决于科学家自身的“物理特征”。因此，下列活动不会带来价值损耗：①人力资本的所有权集中在科学家本身，科学家作为统一的“买方”，到人力市场上竞价应聘，如果合约难以执行，买方还可以撤回这些合约并另找“卖主”；②而以“小科学”为主的科研机构本身面对的，也是一个广泛的人力市场，如果合约执行过程中遇到困难，机构也同样可以撤回合约，回到人力市场中再度猎才。

时间专用性。小科学既然是定位于自由探索的科研活动，其研究主题或方向往往取决于研究者的兴趣，而且，许多小科学的发现或灵感是在无意之中诞生的，这早已被历史上发生过、目前还正在发生着的众多事实所证明。在现实中，很难给科学发现或新知识的创造拟定“命令”或“秩序”，也无法给“灵感”或

"意外"的产生制定时间表。有的小科学研究可能几个月或几年就能够获得成果,而有的则可能经过一代人乃至数代人的努力后也不一定能有预期的收获。否则,诺贝尔奖之于科学家也就没有那么大的吸引力了。另外,相较于欧美等小科学制度较为成熟的国家而言,即使是追求数量指标近乎某种苛刻程度的中国大学,也仅是制定论文、专利或获奖等数量上的绩效考核指标,这种指标既不涉及具体科研内容,也不是出于某项研究的工序需要,而是指向其他用途。例如向社会展示这间机构的科研实力,提高社会声誉,等等。所以,对于大多数小科学研究而言,无论是从科研结果还是科研工序来看,时间并没有在科学家与科研机构之间产生很高的关系专用价值。

(二)组织外部维度下的责权利机制分析

责任机制。科学家是否应该为自己创造的知识承担责任或者承担多少责任,主要是科学哲学和科学伦理学的讨论范畴,我们这里关注的是科学家的责任形成机制,而不是"是否应该"的问题。直到目前为止,科学家的责任问题仍然备受争议,但很少有文献认为应当采用强制手段来限制科学家的自由研究意愿,而是提倡以完善法律法规、建立第三方监督和评估机构、加强科学家社会道德责任教育等措施来促使科学家的社会责任形成,在实践中也是如此[206]。换言之,在自由研究取向上,科学家的责任源自他对法律法规、文化、道德伦理等社会制度的内化程度,是一种自发性的内省认识,而不是对指令的执行。同时,一旦科学家的责任担待出现问题,则由第三方机构对科学家的研究做出仲裁,如法庭或伦理道德委员会。除此之外,时间序列上的非专用性,也说明小科学研究中的科学家并没有与其他科学家配合的责任。因此,以"自由研究"为基本特征的小科学,其责任机制是自发型的,而非配置型的。

权力机制。亚当·斯密提出"看不见的手",用来比喻人在追求自我利益的过程中,通过"看不见的手"配置资源带来一种效率,确保资源得到充分利用。为了理解科学家行为及科学制度的运作,许多学者引入了"看不见的手"作为解释工具,认为科学知识生产和科学资源配置中也存在着一只"看不见的手"。例如,波兰尼认为,独立科学研究的相互协调,就像是市场运行中生产者与消费者通过价格机制而达成的协调,大卫·胡尔、托马斯·C. 伦纳德等学者也分别从各自的角度阐述了"看不见的手"在科学活动中的作用和意义[207]。对于科学活动中的"看不见的手",有人认为是专业标准,也有人认为是各种规则和制度。不管具体参照标准是什么,"看不见的手"发挥作用的前提是权力的分散化,只有在这样的资源配置机制下，科学家才能自主决策和自由研究，进而使得科学活动看起来仿佛受到"看不见的手"的引导[208]。

利益机制。在默顿的科学社会学理论体系中，"科学发现优先权"处于一个非常重要的位置，构成了科技奖励制度的核心[209]。而建立在优先权之上的科技奖励制度最明显的特征是"胜者全得"（Winner Takes All），即首次公布某一科学发现的科学家一旦被认定为首位做出该发现的科学家，将获得全部科学激励[200]。有观点会认为，这种对优先权的竞争只与科学共同体自身制度结构和回报系统有关，与外部市场没有直接关系。这个观点是不妥当的。因为它把科学共同体直接等同于经济共同体。在市场中，行动者因握有"剩余索取权"而能获得以货币衡量的全部净收益，在科学研究中，科学家因握有"发现优先权"而获得以货币、声誉或地位衡量的全部净收益（胜者全得）——这两者的激励在实质上是一样的，是一种强激励机制，只不过因为处于不同的共同体之中，而以不同的方式表现出来。因为"科学发现优先权"的"胜者全得"是形成"看不见的手"的一个重要因素，所以，我们把这种强激励机制归属于小科学。

（三）大学的小科学治理结构

综上所述，从组织外部来看，根据责权利机制分析，小科学中的责任机制是自发型的，由科学家自主判断所应负担的责任；资源配置的权力机制是分散化的，由"看不见的手"发挥作用；利益的获取机制是强激励的，表现为"科学发现优先权"下的"胜者全得"，由科学共同体进行考核评价。

从组织内部来看，根据资产专用性分析，组织一次小科学"交易"，由于各类资产的关系专用性程度极低，各"交易方"未能形成紧密依赖的双边关系，从而不需要将实验场地、建筑队伍、仪器设备的研发生产和相关研发团队等进行一体化，科学家个体或小团体彼此独立且分散自治，在关系上不存在正式的责权利关联。

因此，如果要减少租值消散，最大程度地节省交易成本，大学更适合采用"市场治理结构"。为了与经济学中的"市场"做出区分，本书将大学的治理结构理想类型称为"小科学治理结构"。

二、大科学实验室治理结构

（一）组织内部维度下的资产专用性分析

场地专用性。对于大科学工程来说，场地一旦确定，放置其中的资产就高度固定了。例如费米国家实验室建造的超大型强子对撞机,其所用的低场磁铁需要233千米长的隧道;美国斯坦福直线加速器中心所建造的直线加速器,占地1.72平方千米,主加速器长达3.2千米,深埋于10米深的地下;欧洲核子研究中心建造的大型强子对撞机,建造于地下100米深的一条周长为27千米的圆形隧道中[210]。在这样的场地投入资产后,如果再要移动,其花费的成本是相当巨大的。这就意味着,与这类科学活动相关的一部分研究工作,需要在特定场地中开展,投资者和承建者也因为这类投资而建立了紧密的依赖关系。

实物资产专用性和用途专用性。大科学是工程与科学的结合体,工程性是其基本属性,科研性是其有别于一般基建工程的特殊性,导致了大科学的科学技术难度大,建设时间长,涉及科技领域广,投入的财力、人力、物力非常巨大,往往以"亿元人民币"或"亿美元"计数,并且对工业基础和水平有很高的要求[1]。这使得一个国家或地区在某个特定领域方向的布局上,只投资一个大科学实验室。由于大科学是针对特定领域的科学问题开展研究的,有明确的科学目标和使命,其所涉及的设施大多是非标准部件,具有高度的专用性,甚至用来生产这些非标件的器具都是非标准的,难以转用它途。

在这种情况下,需要有特定的工厂和生产线为大科学生产专用于某个特定项目的非标部件,这种生产难以形成规模经济或范围经济,一旦出现意外并导致合约中止,则整个投资可能无法回收成本。例如,美国的超级超导对撞机计划,在计划中止时,一条24千米长的隧道、房子、直线加速器的部分设备、低能推进器的570米隧道工程以及生产磁铁的工厂等都已经建造好[211]。这种投资很难通过匿名的市场进行交易,而是发生在买家和供应商的"面对面"关系中,其中产生的巨额准租金,足以刺激投机行为的发生。

人力资本专用性。蒙特沃德和蒂斯在研究福特汽车公司和通用汽车公司对特定汽车部件的开发时发现,被内部生产而非市场采购的部件,往往有着很高的"工程劳动强度"投入,这个投入指的是人力资本[153]。而对于同时有着工程性和科学性特征的大科学而言,其非标部件或非标生产模具的生产,体现的正是科学家与工程师们所投入的"工程劳动强度"和"科学劳动强度"。也就是说,大科学实验室中的专属科学家和工程师是在行政命令下工作的,有明确的研发生产任务,其人力资本投入是专用于某个大科学项目的特定用途、目标或使命的,表现出高度的关系专用性。

时间专用性。在工程建设中,每一个部件或步骤的延误,有可能会影响到整个工程的进展,这产生了时间专用性[155]。工程性是大科学的基本属性,意味着大科学与其他工程项目一样,有严格的工程规范与任务要求。例如,我国在建造“大天区面积多目标光纤光谱望远镜”(LAMOST)时,原计划2004年完成任务,但由于两大关键技术攻关未能按时完成,导致建设任务拖后4年,估计项目经费超支达9 561.8万元[5]。此外,有些大科学项目一旦未能按照特定时间完成,则可能会降低整个项目的价值。例如“人类基因组计划”,如果美国国立卫生研究院及其联盟组织未能在与盈利公司“Celera公司”的竞争中获胜,那么人们今后在使用与基因方面相关的东西时,将要付出高昂的专利费用,“人类基因组计划”也就失去了原有的战略意义[212]。因此,时间对于大科学而言,既有序列意义上的专用性,还有价值意义上的专用性。

(二)组织外部维度下的责权利机制分析

责任机制。在大科学工程中,如美国的“曼哈顿工程”和中国的“两弹一星工程”,科学家与国家之间属于雇佣关系,其工作和责任都已由上级做出安排,其时间专用性程度高且具有战略意义,科学家必须配合其他人员在规定的时间内完成项目计划,而不能像小科学那样,可以通过好几代人的努力来研究某个问题。因此,大科学实验室自诞生伊始,就背负了明确的国家任务和科学目标,需要实行配置型的责任机制。

权力机制。大科学的权力机制必须由一只“看得见的手”运演,是集中式的。一方面,在大科学项目建设过程中所需要的专用资产的生产或采购,如实验设备,往往是缺乏规模经济或范围经济的,并且只是为了某个特定的单一项目组织生产。在市场机制下,资源通常不会自发流向这样的领域,需要通过指令的形式进行资源配置。另一方面,为了完成计划任务,对于大科学这种涉及数量庞大的机构、人员和物资的组织活动,必须利用行政命令的方式来明确员工职责,才能保证组织协调。并且,大科学活动的行政指令常常是以国家的名义发布的,这就使得大科学带有强烈的政治性质[211]。可以说,行政权力干预是大科学获得成功的重要保证。

利益机制。在大科学出现之前,由于存在着“科学发现优先权”和“胜者全得”的强激励机制,科学家通常会选择发表论文的方式来公布自己的研究结果,这种情况在今天的小科学研究中依然是如此。然而,这种激励机制对起源于“曼哈顿工程”的大科学而言,有了根本性改变。在“曼哈顿工程”中,由于需要保密,美国成立了专门的审查委员会,控制科学家关于铀裂变研究论文的发表,使得这期间的相关论文发表数量几乎接近于零[213]。一方面,如果采用强激励机制,本来应该在组织范围内实行保密,很有可能演变成为了获得发现优先权的个人范围保密和竞争,导致大规模合作和交流无法顺利实现,从而影响到整个大科学相关政策的决策和执行;另一方面,大科学中的许多工作,很多时候并不能以论文的方式表现出来,某个科学家可能只是负责其中的一些工序。例如提炼和生产铀原料,或负责相关管理工作,又例如奥本海默在“曼哈顿工程”进行过程中的管理工作。这种情况在当今的许多企业实验室中普遍存在,研究人员并不能通过小科学的那种方式来获得自己的奖励,而是企业根据他们的绩效及其对组织的贡献率给予相应的薪酬和奖金。因此,建基于大科学工程之上的大科学实验室在利益机制上是一种组织激励机制,即弱激励机制。

(三)大科学实验室的大科学治理结构

从组织外部看,根据责权利机制分析,大科学中的责任机制是配置型的,承担着明确的国家任务和面向清晰的科学目标;资源配置的权力机制是集中式的,特别强调国家行政命令的干预性;利益的获取是弱激励的,强调科研人员之间的协作和科研成果的保密性,并由组织内部进行绩效考核与评价。

从组织内部看,根据资产专用性分析,大科学在场地、实物资产、专用用途、人力资本以及时间这5个方面,专用性程度都很高。关键是,这些投入多数是关系专用性质的,导致交易各方形成紧密的双边依赖关系,往往需要将相关工程团队、设备生产以及来自多个机构的研发团队放置于一体化的组织中,在横向和纵向的关系链条上存在着正式的责权利关联,这导致了大科学的庞大规模。

因此,如果要预防投机风险和保护专用投资,最大程度地节省交易成本,大科学实验室更适合采用“科层治理结构”。为了与经济学中的“企业”进行区分,本书将大科学实验室的治理结构理想类型称为“大科学治理结构”。

三、治理结构的边界划分

为了更好地对大学与大科学实验室的治理结构理想类型做出比较,我们把前面的分析用图3.1进行表述。

从图3.1中,我们得到大学与大科学实验室治理结构理想类型的清晰界定:

大学是一种关系专用资产投入程度低,被自发责任机制、分散化权力机制和强激励利益机制界定治理结构边界,内部成员分散自治的小科学治理结构。

大科学实验室是一种关系专用资产投入程度高,被配置责任机制、集中式权力机制和弱激励利益机制界定治理结构边界,内部成员相互依赖的大科学治理结构。

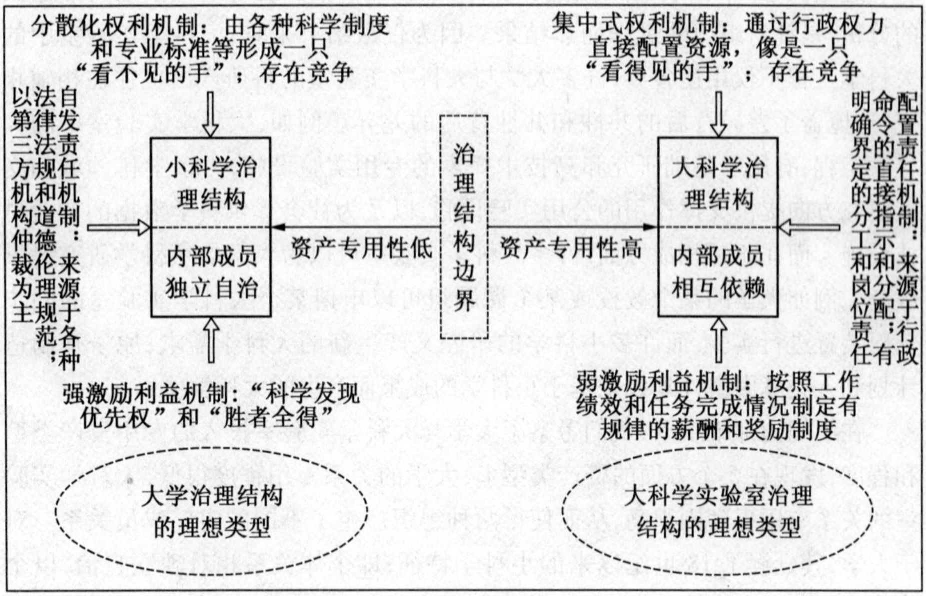

图 3.1　大学与大科学实验室的治理结构与边界划分

Fig. 3.1　University and big science lab's governance structures and boundary

也就是说,大学和大科学实验室这两种组织外部由责权利机制构成治理结构边界,彼此的责权利机制不可相互替换,而内部因资产的关系专用性程度不同,使得内部成员的关系呈现不同的特点。大学的小科学治理结构与大科学实验室的大科学治理结构,就是治理结构或组织形态的两个极端。

第三节　治理结构冲突原因及其后果推测

一、治理结构边界缺失与冲突

起源于美国的“一体化模式”,是把大学与大科学实验室这两种极端的治理结构放置到同一组织框架内,却并未清晰划分彼此的治理结构边界。换言之,

"一体化模式"下的大学与大科学实验室治理结构的交易成本边界是缺失的,导致两种截然不同的成员关系和责权利机制产生了混乱和冲突。

(一)成员关系冲突

这里基于"小科学"和"大科学"对大学和大科学实验室研究活动特点做出的分析,是针对组织的过程而非结果。因为仅从结果来看,大科学实验室中的大科学工程不仅用途各异,许多大学与大科学实验室的科研产出也往往相辅相成,这掩盖了差异背后的共性和共性背后的差异。例如,大科学实验室中的大科学工程,有用于基础研究和高技术探索的专用实验设施,为多学科领域和交叉研究方向提供支撑作用的公用实验设施,以及为社会提供科学数据的公益科技设施。而在相辅相成方面,许多大科学实验室可以为大学的小科学研究提供服务。例如大学的某个教授或某个课题组可以申请某个大科学实验室的同步辐射装置进行实验,而许多小科学的研究又产生新的大科学需求;原子弹制造计划和人类基因组计划就是基于小科学的成果而产生的大科学项目。

在组织内部维度下,我们考察了大学与大科学实验室投入的专用资产类型和程度,发现在5个方面的资产类型上,大学的关系专用程度很低,大科学实验室的关系专用程度则很高,从而使得两种组织产生了不同的内部成员关系。对于大学,其延续了18世纪以来的小科学特征,即个体关系相对独立自治,以个体或小团队研究模式为主,是一种松散联合的组织。而对于大科学实验室,则主要是以跨学科的大型团队研究模式为主,内部成员相互依赖,层级分明,是一种类似于现代企业组织的科层组织。然而,在"一体化模式"下,由于边界缺失,"松散联合"的大学内组织成员关系与"相互依赖、层级分明"的大科学实验室内组织成员关系,完全混合于一体,资产专用性特点与成员关系难以匹配,两种不同类型的成员关系彼此冲突。

(二)责权利机制冲突

需要注意到的是,一方面,大科学实验室中的大科学工程虽然存在用途上的差异,但其科研活动的组织过程却是类似的,都涉及高度关系专用资产的投入和匹配相应的责权利运作机制;另一方面,尽管大学与大科学实验室的科研活动产出相辅相成,在现实中也确实能看到有大学利用大科学工程进行科学研究,也能看到在大科学实验室中遍布小科学的研究活动,其间的差别是,大学的小科学活动几乎是在"自治自为"的情况下生产知识,而寓身于大科学实验室科研活动中的所谓"小科学"研究,却往往是大科学实验室科研任务中的一道"工序”。如果过于关注结果而忽略过程，就会误以为小科学已经开始采用大科学的组织和运行方式，进而认为可以通过使用后者取代前者的方式来实现组织变革了。

在组织外部维度视角下，我们论证了大学和大科学实验室在科研组织和科研活动上的“大”与“小”，并不是简单的数字或价值在“量”上的区别，其背后彰显的是两种截然相反的责权利运行机制。在大学里，大学教师的责任机制是自发的，权力机制呈现为“看不见的手”，利益机制延续了小科学时代的“争夺科学发现优先权”——这是为了鼓励学者在科学前沿不断发现新的知识。在大科学实验室里，科学家的责任机制是配置的，权力机制呈现为“看得见的手”，利益机制则是符合大型团队合作模式需求的“组织内激励”——一旦在大科学实验室鼓励组织内的“科学发现优先权”，大型团队合作就不可能得以建立。因此，在“一体化模式”下，由于治理结构边界缺失，这两种截然相反的责权利运行机制所产生的冲突，是不可调和的。

二、治理结构冲突的后果推测

借鉴自美国“一体化模式”的“新举措”，期望在大学与大科学实验室的一体化治理结构下，对大学的小科学组织模式进行改造升级，进而缔造大科学工程组织模式。但通过前述的分析可知，将这两种治理结构截然相反的组织放置在同一组织框架内，而不为之确立明晰的治理结构边界，那么，因治理结构冲突而最有可能产生的后果是：

后果一：要么是大学被大科学实验室所同化，完全以行政指令取代自由研究，进而抑制科学发现与创新的可持续发展。

后果二：要么是大科学实验室被大学所同化，在以自由研究和追求真理为导向的科研组织模式与运行机制下逐渐背离原初的国家战略目标，进而造成国家资源的巨大浪费。

所谓“鱼与熊掌不可兼得”。

因此，尽管大学和大科学实验室的科研活动存在交集，而且，彼此的资源有着互补的特点和必要性。但“一体化模式”是把资产专用性程度与类型、内部成员关系和运行机制迥然相异的两种治理结构一体化，忽视两者的治理结构边界的重要性，这就如同交易成本理论中那种能囊括一切交易的“巨型企业”，既有着不可避免的内部治理结构冲突，也不可能毫无条件、毫无代价地存在于现实中。换言之,基于大学和大科学实验室一体化所形成的大科学工程组织模式,因治理结构边界缺失和冲突导致交易成本增加,这种模式是缺乏效率的。

第四节　治理结构冲突原因的博弈分析检验

需要再次强调的是,理想类型分析既非假设,亦非“乌托邦式”的空想,而是通过突显单方面观点,综合相关经验现象所形成的分析结构或模型。尽管本书所构建的大学和大科学实验室治理结构理想类型达不到“科层制”或“质点”那种细致程度,但也能相对准确地突显和表述出大学和大科学实验室的科研组织特点。然而,正如“导论”中所指出,在研究局限的约束下,本书并不能为这两种理想类型做出全面的实证研究,而必须通过其他方式来尽可能地做一些普适性的研究,博弈分析就是其中一种方式。在给定了科学家行为假说的情况下,即投机主义和有限理性,完全可以通过数学推理的方式,从博弈论角度对本书的理想类型分析结果进行检验。如果博弈分析的结果与理想类型分析的结果相吻合,则能够证明大学与大科学实验室治理结构的理想类型是具有合理性的,至少在数学逻辑上不会有错;如果不吻合,则说明本书构建的理想类型因存在不合理之处,而无法在数学逻辑上成立。因此,使用博弈分析来进行佐证与检验,对于应对本书的研究局限而言是具有必要性的。

这里的博弈分析,其模型原型来自 Baker、Gibbons 和 Murphy。在文献[159]中,Baker 等人在一个重复博弈模型中,考虑资产的所有特征和所有用途(即资产是关系专用性质或非关系专用性质,以及专用性质下的专用用途和次优用途)的情况下,对 4 类治理结构进行博弈分析:市场治理结构、科层治理结构、引入关系合约的市场治理结构、引入关系合约的科层治理结构。分析结果与交易成本理论的主要观点基本一致,不过,由于 Baker 等人尝试把资产的这些特征整合在一个模型里,未能鲜明地突显出两种极端治理结构的特点。在这里,我们创新性地使用了文献[159]的重复博弈模型,即不在同一个模型中考虑资产的所有特点,而是分别对非关系专用资产(通用资产)和关系专用资产进行博弈分析。当然,我们不可能将所有的资产类型都放入到模型中进行分析,而主要是分析人力资本,因为人力资本是最关键的一种资产类型,是其他资产类型的载体,具体解释可参考第二章的第三节和第四章的相关内容。

一、大学治理结构的博弈模型

现在考虑这样一个环境,这种环境由一个拥有人力资本的大学教师和一个使用大学教师生产的知识的雇主(即雇用了大学教师的某个大学)组成。两个主体永远存在,他们都是风险中性的,在每一个时期分享同一个贴现率 r。同时,在每一个时期,大学教师会生产一种"知识产品"(如论文),雇主对产品进行估价。前文已经指出,大学是典型的小科学科研模式,在这样的模式下,大学教师不生产专用于大学的"知识产品"。换言之,这样的产品只有质量的高低之分,而不会存在专用用途和其他用途的区别,同时,假设产品的价值会在它生产的那个时期的最后降为零。

在这里,市场治理结构是指大学教师和雇主采取独立所有权,双方通过市场机制的方式来确定产品价格;科层治理结构是指大学教师与雇主归入到并购者的联合所有权下,即一体化治理结构,此时,并购者仅仅通过支付劳动报酬就可以直接获得产品;而关系合约(Relational Contract,R)是指根据产品质量高低不同而给予不同补偿的约定。根据是否存在关系合约,我们需要对表 3.1 所示的 4 种治理结构进行博弈分析。其中,由于大学教师的产品是非关系专用性质,用"G"(Generality)表示。"NGM"表示不引入关系合约(Nonrelational Contract,N)的市场治理结构;"NGI"表示不引入关系合约的科层治理结构,由于其等同于一体化治理结构,这里用"I"(Integration)而不用"Hierarchy"表示,从而使其与后文出现的"高质量(High Quality)"的缩写字母"H"做出区分;"RGM"表示引入关系合约的市场治理结构;"RGI"表示引入关系合约的科层治理结构。

表 3.1　非关系专用资产下的 4 种治理结构

Tab. 3.1　Four types of governance structure within nonrelational special assets

	市场(Market,M)	科层(Integration,I)
不引入关系合约(Nonrelational Contract,N)	NGM	NGI
引入关系合约(Relational Contract,R)	RGM	RGI

在每一个时期,大学教师会选择一种行动 n,行动集是 $a=(a_1,a_2,...,a_n)$,行动成本是 $c(a)$。在一个给定的时期内,行动的选择会影响雇主获得的产品价值 $Q_i(i=H,L)$,其中,Q_H 表示高价值或高质量,Q_L 表示低价值或低质量,

$Q_L < Q_H$。假设生产 Q_H 的概率是 $q(a)$，生产 Q_L 的概率就是 $1-q(a)$，同时，假设$\Delta Q = Q_H - Q_L$，那么，$Q_H = Q_L + q(a)\Delta Q$。我们假设 $c(0)=0$ 和 $q(0)=0$，这样的话，当大学教师不采取任何高代价行动时，他既没有损失，但同时也没有机会实现高价值的 Q_H。因此，当大学教师采取了一个最优行动 $a*$ 来最大化产品价值的时候，减去行动成本，大学教师与雇主就能获得一个最大总收益：$S* = Q_L + q(a*)\Delta Q - c(a*)$。

在有限理性的制约下，行动的选择除了大学教师，谁也无法观察到，所以，无法针对行动选择制定出一个完全合约。从另一个角度来看，虽然行动无法观察到，但 Q_H 和 Q_L 能够被这两者观察到，此时，4 种不同的治理结构就会影响到大学教师的行动选择了。

在上述假设下，接下来将分别对 4 种治理结构进行分析。

(一) NGM

我们首先考虑的是 NGM。在这种形式下，一旦大学教师采取行动和生产产品，他要么生产高质量产品，要么生产低质量产品。此时，虽然双方不能针对 Q_H 和 Q_L 的实现制定明确合约，但他们可以就产品的价格进行谈判。我们使用纳什谈判解来达到这个价格：雇主会给大学教师一个低质量补偿价格 Q_L，加上被雇主使用时获得的收益的一半 $1/2(Q_i - Q_L)$，所以，价格就是 $Q_L + 1/2q(a)\Delta Q$。也就是说，价格是按照产品价值的实现情况来支付的。

在 NGM 下，大学教师的报酬是价格减去行动成本，此时，大学教师就会选择一个行动 a^{NGM} 来解决：

$$U^{NGM} = 1/2(Q_i + Q_L) - c(a) = Q_L + 1/2q(a)\Delta Q - c(a) \quad (3.1)$$

如果大学教师要获得最大收益，就是要使得公式(3.1)最大化。此时，雇主的收益就是 $Q_i - 1/2(Q_i + Q_L) = 1/2(Q_i - Q_L)$。定义公式(3.2)作为雇主在 NGM 下的期望收益，那么，雇主收益的实现依赖于大学教师的最优行动选择：

$$D^{NGM} = 1/2E[Q_i - Q_L | a = a^{NGM}] \quad (3.2)$$

此时，在 NGM 下两者的总收益是(3.1)+(3.2)：

$$S^{NGM} = Q_L + q(a^{NGM})\Delta Q - c(a^{NGM}) \quad (3.3)$$

(二) NGI

在 NGI 形式下，除了给一个固定的工资 w 之外，雇主可以不用给大学教师任何奖励而直接取走产品。当预期到这种情况，大学教师会拒绝采取任何高代价行动，即 $c(0)=0$，雇主得到的产出价值就是 Q_L，而 $\Delta Q = 0$。此时，大学教师和雇主的收益分别是：

$$U^{NGI} = w \tag{3.4}$$

$$D^{NGI} = Q_L - w \tag{3.5}$$

此时的总收益就是：

$$S^{NGI} = U^{NGI} + D^{NGI} = Q_L \tag{3.6}$$

在这种情况下，如果要使得 NGI 比 NGM 占优，就需要在 NGM 中大学教师的行动净收益为负值，即 $q(a^{NGM})\Delta Q - c(a^{NGM}) < 0$，也就是说，在 NGM 时，大学教师因为选择生产高质量的产品而导致净收益为负值，最后，两者不得不选择 NGI，以获取低质量产品。在现实中，这种情况是有可能的。例如在某些制度环境下，如果大学教师要生产高质量的知识，可能需要付出很大的代价，导致他的行动成本大于可能从高价值知识生产中获得的报酬，此时，他可能就会拒绝采取任何高代价的行动了。

（三）RGI

与 NGI 不一样的是，关系合约能够给予大学教师激励，因此，当关系合约存在时，核心问题是计算违诺之后的支付。我们分析“触发策略均衡”（Trigger - Strategy Equilibria），此时，没有违诺的一方会拒绝与违诺的一方建立任何新的关系合约。换言之，因为这里只有两个主体，一方违诺，那么，这两者将永远采用“NGM”或“NGI”形式。因此，我们允许双方在违诺后可以取消关系合约，此时，当 $S^{NGM} > S^{NGI}$ 时，采用 NGM，而当 $S^{NGM} < S^{NGI}$ 时，则采用 NGI。

考虑这样一个关系合约 $(w, b_H, b_L) = (w, \{b_i\})$，在这个合约中，每一期的开始，雇主支付大学教师工资 w，并且，当 $Q = Q_i$ 时，分别依据 $(i = H, L)$，雇主支付大学教师 b_i。假设大学教师相信雇主会如承诺那样支付 b_i（假设如果 $b_i < 0$，大学教师不会做出任何承诺过的行动）。如果大学教师接受这个合约，他会选择一个行动 a^{RGI} 来解决：

$$U^{RGI} = w + q(a)b_H + [1 - q(a)]b_L - c(a) \tag{3.7}$$

雇主的预期收益会是：

$$D^{RGI} = E[Q_i - w - b_i | a = a^{RGI}] = Q_L + q(a^{RGI})\Delta Q - [U^{RGI} + c(a^{RGI})] \tag{3.8}$$

此时，由 RGI 所产生的总收益就是：

$$S^{RGI} = U^{RGI} + D^{RGI} = Q_L + q(a^{RGI})\Delta Q - c(a^{RGI}) \tag{3.9}$$

如果双方部门对于任何可能实现的 Q_H 和 Q_L 都能遵守关系合约，那么 RGI 就是稳定的。如果雇主违诺，就意味着雇主拒绝支付大学教师的承诺奖励 b_i 而拿走产品。违诺之后，当 $S^{NGM}<S^{NGI}$，两者就采取 NGI，雇主永久地赚取 NGI 下的收益 $D^{NGI}=Q_L$；或者，当 $S^{NGM}>S^{NGI}$，就采取 NGM，雇主永久地赚取 NGM 下的收益 D^{NGM}。

先假设 $S^{NGM}<S^{NGI}$，此时，当违诺发生时，双方保持 NGI 和永久地赚取 D^{NGI}。只要遵守关系合约的收益大于违诺的收益，雇主就会遵守关系合约。由于目前雇主遵守关系合约而获得的价值是 $-b_i+1/rD^{RGI}$，此时，如果(3.10)成立，雇主就会遵守关系合约，而不是违诺：

$$-b_i+1/rD^{RGI}\geqslant 1/rD^{NGI} \tag{3.10}$$

大学教师会通过拒绝雇主提供的奖励 b_i 来对关系合约违诺（或 $b_i<0$ 时，大学教师不会做出任何承诺），以此来赚取 U^{RGI}。此时，如果(3.11)成立，则大学教师会遵守合约，而不是违诺：

$$b_i+1/rU^{RGI}\geqslant 1/rU^{NGI} \tag{3.11}$$

联立(3.10)和(3.11)，在 $S^{NGM}<S^{NGI}$ 的情况下，就可以得到一个 $S^{NGM}<S^{NGI}$ 时 RGI 这种组织秩序对于任何 i 都能够实现自我实施的必要条件：

$$\max b_i-\min b_i\leqslant 1/r(S^{RGI}-S^{NGI}) \tag{3.12}$$

接着，假设当 $S^{NGM}>S^{NGI}$，如果发生违诺，那么，两者将会采用 NGM，此后，大学教师和雇主将分别赚取 U^{NGM} 和 D^{NGM}。在这种情况下，(3.10)的右边部分就变成了 $1/rD^{NGM}$，(3.11)的右边部分就变成了 $1/rU^{NGM}$，因此，当 $S^{NGM}>S^{NGI}$，联立两种改变后的情况，就能够得到 RGI 自我实施的一个必要条件：

$$\max b_i-\min b_i\leqslant 1/r(S^{RGI}-S^{NGM}) \tag{3.13}$$

联立(3.12)和(3.13)就可以得到 RGI 自我实施的一个充分必要条件：

$$\max b_i-\min b_i\leqslant 1/r[S^{RGI}-\max(S^{NGI},\ S^{NGM})] \tag{3.14}$$

此时，任何满足(3.14)的 $\max b_i$ 和 $\min b_i$，对于 $S^{NGM}>S^{NGI}$ 或 $S^{NGM}<S^{NGI}$，总可以选择到一个固定的 w 来满足(3.10)和(3.11)。(3.14)的左边是对关系合约违诺的最大总诱惑，右手边是净总收益现值。在(3.14)的约束下，(3.9)的最大值就是 RGI 最有效率时的收益 S^{RGI}。

（四）RGM

接下来，我们考虑“RGM”形式。如果承诺奖励 b_i 大于 NGM 时的价格 $1/2(Q_i+Q_L)$，雇主更优的行动就是对关系合约违诺。类似地，如果 b_i 小于这个价格，那么，大学教师更优的行动也是违诺。所以，RGM 与 RGI 的关键区别在于产品的低质量 Q_L，Q_L 影响了 RGM 是否被违诺的决策。

如果大学教师对雇主遵守关系合约有信心，那么，大学教师会采取一个行动 a^{RGM}，使得 $U^{RGM} = w + q(a)b_H + [1 - q(a)]b_L - c(a)$。雇主的预期回报是 $D^{RGM} = E[Q_i - S - b_i | a = a^{RGM}]$，因此，在 RGM 下的总收益就是：

$$S^{RGM} = U^{RGM} + D^{RGM} = Q_L + q(a)\Delta Q - c(a^{RGM}) \quad (3.15)$$

注意到，一个给定的关系合约（$w, \{b_i\}$），在 RGM 和 RGI 下会产生出相同的行动和相同的总收益（假设关系合约满足这两个情况中的相关违诺约束）。但是，正如下面所要证明的，RGM 与 RGI 的违诺诱惑是不同的。

一旦 Q_i 被实现，雇主应该能得到的净收益是 $Q_i - b_i$。如果雇主对关系合约违诺，他会与大学教师谈判，以 NGM 时的价格买下产品，而不是支付奖励 b_i，此时，雇主的收益是 $Q_i - 1/2(Q_i + Q_L)$。同样地，一旦 Q_i 被实现，大学教师应当获得 b_i 的奖励，如果违诺，大学教师就会按照谈判价格出售产品。

首先，假设 $S^{NGM} > S^{NGI}$，此时，不管谁违诺，双方都会选择采用 NGM。此时，对于所有的 i，在（3.16）下，雇主会选择接受 RGM：

$$Q_i - b_i + 1/rD^{RGM} \geqslant 1/2(Q_H - Q_L) + 1/rD^{NGM}$$

上式可以写成：

$$b_i - 1/2Q_i \leqslant 1/r(D^{RGM} - D^{NGM}) \quad (3.16)$$

同样地，如果（3.17）成立，对于所有的 i，大学教师会选择接受 RGM：

$$b_i - 1/2Q_i \geqslant 1/r(U^{RGM} - U^{NGM}) \quad (3.17)$$

联立（3.16）和（3.17）可得到 $S^{NGM} > S^{NGI}$ 时，RGM 自我实施的必要条件：

$$\max(b_i - 1/2Q_i) - \min(b_i - 1/2Q_i) \leqslant 1/r(S^{RGM} - S^{NGM}) \quad (3.18)$$

其次，假设 $S^{NGM} < S^{NGI}$，此时，不管哪一方违诺，都会使得双方采用 NGI。在这种情况下，RGM 自我实施的必要条件就成为：

$$\max(b_i - 1/2Q_i) - \min(b_i - 1/2Q_i) \leqslant 1/r(S^{RGM} - S^{NGI}) \quad (3.19)$$

联立（3.18）和（3.19），我们可以得到一个 RGM 自我实施的充分必要条件：

$$\max(b_i - 1/2Q_i) - \min(b_i - 1/2Q_i) \leqslant 1/r(S^{RGM} - \{S^{NGM}, S^{NGI}\}) \quad (3.20)$$

（3.20）的左边是对 RGM 违诺的最大诱惑，右手边是维持 RGM 所获得的收益减去违诺后最佳退路的收益。在（3.20）的约束下，（3.15）的总收益就能获得最大值。

对于大学治理结构的重复博弈模型，只要给出 $q(a)$ 的函数形式，以及参数 ΔQ 和 r 的值，我们就可以从中找出占优的治理结构，这可以通过此模型的一个

特例来进行证明,这个特例如下:

假设行动集 a 有两个组成部分,生产函数 $q(a)$ 是线性的,成本函数 $c(a)$ 是二次方的:

$$a=(a_1,a_2)$$
$$q(a)=q_1a_1+q_2a_2$$
$$c(a)=1/2a_1^2+1/2a_2^2$$

其中,$q_1\geqslant 0$ 和 $q_2\geqslant 0$,并且 $q_1\neq q_2$。

在上面这个特例下,将相关值分别代入总收益 $S*=Q_L+q(a*)\Delta Q-c(a*)$ 中并求 a_1 和 a_2 的一阶导数,可得到最优的行动是(FB 是"First Best"的缩写):

$$a_1^{FB}=q_1\Delta Q$$
$$a_2^{FB}=q_2\Delta Q$$

在 NGM 下,大学教师选择 a_1 和 a_2 来最大化 $Q_L+1/2q(a)\Delta Q-c(a)$,可得:

$$a_1^{NGM}=q_1\Delta Q$$
$$a_2^{NGM}=q_2\Delta Q \tag{3.21}$$

在 NGI 下,由于大学教师没有激励来采取高代价行动,因此,$a_1^{NGI}=a_2^{NGI}=0$。

在关系合约下,补偿主要根据产品质量高低而存在高低之别,即如果 $Q=Q_H$,则雇主会支付一个奖励 $\Delta b=b_H-b_L$,这意味着,当 Q 达到最大值时,就不会有更高的奖励了(这是 $q_1\neq q_2$ 的含义所在,即行动与奖励一一对应)。在关系合约存在时,大学教师会选择 a_1 和 a_2 来最大化 $(w+b_L)+q(a)\Delta b-c(a)$,可得:

$$a_1^{RG}=q_1\Delta b$$
$$a_2^{RG}=q_2\Delta b \tag{3.22}$$

这里 R 表示关系合约,G 表示非关系专用资产或通用资产,前面已经说明过,在关系合约下,RGM 和 RGI 的总收益是相同的。

公式(3.14)提供了 $RGI(w,\{b_i\})$ 自我实施的充分必要条件。在 $b_i(i=H,L)$ 的情况下,需要考虑以下两种情况:

情况 1:当 $b_H>b_L$。此时,$\max(b_i)=b_H$,$\min(b_i)=b_L$,违诺是 Δb,其中 $\Delta b=b_H-b_L>0$。

情况 2:当 $b_L>b_H$。此时,$\max(b_i)=b_L$,$\min(b_i)=b_H$,违诺是 $-\Delta b$,其中 $\Delta b=b_H-b_L<0$。

这两种情况可以写成$|\Delta b|$,因此可得:

$$|\Delta b| \leqslant 1/r[S^{RGI} - \max(S^{NGI}, S^{NGM})] \tag{3.14'}$$

公式(3.20)提供了$RGM(w,\{b_i\})$自我实施的充分必要条件。此时,可定义$Z = b_L - 1/2Q_L$,可得:

$$b_H - 1/2Q_H = b_H - 1/2Q_L - 1/2\Delta Q = (\Delta b - 1/2\Delta Q) + Z$$

$$b_L - 1/2Q_L = Z$$

在$b_i(i = H,L)$的情况下,需要考虑以下两种情况:

情况1:当$\Delta b > 1/2\Delta Q$,$\max(b_i - 1/2Q_i) = b_H - 1/2Q_H$,$\min(b_i - 1/2Q_i) = b_L - 1/2Q_L$,使得违诺是$\Delta b - 1/2\Delta Q$。

情况2:当$\Delta b < 1/2\Delta Q$,$\max(b_i - 1/2Q_i) = b_L - 1/2Q_L$,$\min(b_i - 1/2Q_i) = b_H - 1/2Q_H$,使得违诺是$-(\Delta b - 1/2\Delta Q)$。

这两种情况可以写成$|\Delta b - 1/2\Delta Q|$,由此可得:

$$|\Delta b - 1/2\Delta Q| \leqslant 1/r(S^{RGM} - \max\{S^{NGM}, S^{NGI}\}) \tag{3.20'}$$

在给出(3.22)的情况下,当且仅当$\Delta b = \Delta Q$的时候(这个是通过将(3.22)与$a_1^{FB} = q_1\Delta Q$和$a_2^{FB} = q_2\Delta Q$做比较得出),能够实现最优。从而,(3.14′)意味着当且仅当(3.23)成立时,RGI可以实现总收益最大化:

$$\Delta Q \leqslant 1/r[S^{RGI} - \max(S^{NGI}, S^{NGM})] \tag{3.23}$$

同样,(3.20′)意味着当(3.24)成立时,RGM可以实现总收益最大化:

$$1/2\Delta Q \leqslant 1/r(S^{RGM} - \max\{S^{NGM}, S^{NGI}\}) \tag{3.24}$$

基于这个特例,我们可以证明以下3个命题的成立:

命题1:在非关系专用资产性质情况下,相较于其他3种治理结构而言,在获取最大总收益的时候,NGM是最优的。给定q_1和q_2,如果资产是非关系专用的,只要$\Delta Q > 0$,那么NGM就是一种占优的治理结构。

证明:

命题1的证明需要给出引理1到3。

引理1:非关系合约下的市场治理结构总比非关系合约下的一体化治理结构占优。也就是给出q_1和q_2,只要$\Delta Q > 0$,那么,$S^{NGM} > S^{NGI}$。

证明:由于$\Delta Q > 0$,所以,$a_1^{NGM} = q_1\Delta Q > 0$,$a_2^{NGM} = q_2\Delta Q > 0$,此时,NGM下的最大总收益$S^{NGM} = Q_L + 1/8\Delta Q\ (q_1^2 + q_2^2)$;而对于NGI,由于$a_1^{NGI} = a_2^{NGI} = 0$,并且,$S^{NGI} = Q_L$;$S^{NGM} - S^{NGI} = 1/8\Delta Q(q_1^2 + q_2^2) > 0$,因而$S^{NGM} > S^{NGI}$。

引理2:关系合约下的市场治理结构比关系合约下的一体化治理结构占优。

也就是给出 q_1 和 q_2，只要 $\Delta Q>0$，虽然 RGM 和 RGI 的总收益 $S^{RGM}=S^{RGI}$，但前者的违诺诱惑比后者小，使得 RGM 总比 RGI 占优。

证明：从(3.14′)和(3.20′)可以看到，只要 $\Delta Q>0$，那么，不管贴现率 r 如何取值，RGM 的违诺诱惑 $|\Delta b-1/2\Delta Q|$ 总是会比 RGI 的违诺诱惑 $|\Delta b|$ 要小。

引理 3：非关系合约下的市场治理结构总比关系合约下的市场治理结构占优。也就是给出 q_1 和 q_2，只要 $\Delta Q>0$，NGM 与 RGM 的最大总收益是一样的，但 NGM 不存在违诺诱惑，而 RGM 总会存在违诺诱惑。

证明：从前面的论述可以知道，$a_1^{FB}=a_1^{NGM}=q_1\Delta Q$，$a_2^{FB}=a_2^{NGM}=q_2\Delta Q$，当关系合约存在，给出(3.22)，只有 $\Delta b=\Delta Q$，才能获得最大总收益，此时可得，$a_1^{RG}=a_1^{FB}=a_1^{NGM}=q_1\Delta Q$，$a_2^{RG}=a_2^{FB}=a_2^{NGM}=q_2\Delta Q$，进而 $S^{NGM}=S^{RGM}$。从引理 1 可知 $S^{NGM}>S^{NGI}$ 总是成立的，因此，对于(3.24)，$S^{RGM}-\max\{S^{NGM},S^{NGI}\}=S^{RGM}-S^{NGM}=0<1/2\Delta Q$，RGM 不违诺的充分必要条件不成立。

命题 1 得证。

命题 2：在非关系专用资产性质情况下，当投机主义存在，关系合约下的一体化治理结构不能自我实施。也就是说，给定 q_1 和 q_2，只要 $\Delta Q>0$，那么，对于任何 $r>0$ 而言，没有 Δb 能满足 RGI 不违诺的充要条件(3.14′)。

证明：

因为获得最大总收益的时候，S^{NGM} 总是大于 S^{NGI}，因此，$\max\{S^{NGM},S^{NGI}\}$ 总是等于 S^{NGM}。换言之，(3.14′)可以写成：

$$|\Delta b|\leqslant 1/r(S^{RGI}-S^{NGM}) \tag{3.14″}$$

在实现最优的情况下，NGM 和 RGI 的最大总收益是相等的，此时，在(3.14″)的右边，$S^{RGI}-S^{NGM}$ 的最大值是 0，也就是说，对于任何 $r>0$，$S^{RGI}-S^{NGM}\leqslant 0$。而在(3.14″)的左边，除非 $\Delta b=0$，否则，(3.14″)就不可能成立，也就是(3.14′)不能成立。

然而，当 $\Delta b=0$ 的时候，无论大学教师生产 Q_H 还是 Q_L，雇主给出的激励都是固定的，此时，对于大学教师而言，最优的做法是不采取任何高代价的行动，只生产 Q_L，从而双方获取一个比 NGM 小的总收益，这使得 $S^{RGI}-S^{NGM}<0$。此时，不等式(3.14″)的左边大于 0，而右边小于 0，(3.14″)不能成立，进而(3.14′)在这种情况下同样不能成立。

至此，命题 2 得证。

命题 3：在非关系专用资产性质情况下，当投机主义存在，关系合约下的市场治理结构不能自我实施。也就是说，给定 q_1 和 q_2，只要 $\Delta Q>0$，那么，对于任何 $r>0$ 而言，没有 Δb 能满足 RGM 不违诺的充要条件(3.20′)。

证明：

因为获得最大总收益的时候，S^{NGM} 总是大于 S^{NGI}，因此，$\max\{S^{NGM},S^{NGI}\}$ 总是等于 S^{NGM}。换言之，(3.20′)可以写成：

$$|\Delta b-1/2\Delta Q|\leqslant 1/r(S^{RGM}-S^{NGM}) \qquad (3.20'')$$

在实现最优的情况下，NGM 和 RGM 的最大总收益是相等的，此时，在(3.20″)的右边，$S^{RGM}-S^{NGM}$ 的最大值是 0，也就是说，对于任何 $r>0$，$S^{RGM}-S^{NGM}\leqslant 0$。而在(3.20″)的左边，除非 $\Delta b=1/2\Delta Q$，否则，(3.20″)这个不等式就不可能成立，也就是(3.20′)不能成立。

然而，当 $\Delta b=1/2\Delta Q<\Delta Q$ 时，S^{RGM} 就无法获得最大值，从而 $S^{RGM}-S^{NGM}<0$，在这种情况下，(3.20″)的左边等于 0，而右边小于 0，使得(3.20″)无法成立，进而(3.20′)在这种情况下同样不能成立。

至此，命题 3 得证。

综上，由于大学教师人力资本的非关系专用性，采用非关系合约的市场治理结构 NGM(本书把这样的治理结构称为“小科学治理结构”)是一种能获得总收益最大化的占优治理结构。

二、大科学实验室治理结构的博弈模型

对于大科学实验室，我们需要考虑这样的环境，这种环境由拥有人力资本的科学家与雇主(雇用了科学家的大科学实验室)组成。科学家和雇主永远存在，他们都是风险中性的，在每一个时期分享同一个贴现率 r。同时，在每一个时期，科学家会生产一种“知识产品”，雇主对产品进行估价。前文已经指出，大科学实验室是典型的大科学科研模式，在这样的模式下，受雇佣的科学家必须生产专用于大科学实验室的“知识”产品。假设产品没有质量的高低之分，但会存在专用用途和其他用途的区别，产品的价值会在它生产的那个时期的最后降为零。

在这里，治理结构与关系合约的含义与大学相同。根据是否存在关系合约，我们需要对表 3.2 所示的 4 种治理结构进行博弈分析。其中，由于科学家的产品是关系专用性质，用“S”(Specialty)表示。“NSM”表示不引入关系合约的市场治理结构，“NSI”表示不引入关系合约(Nonrelational Contract，N)的科层

治理结构,"RSM"表示引入关系合约的市场治理结构,"RSI"表示引入关系合约的科层治理结构。

表 3.2 关系专用资产下的 4 种治理结构

Tab. 3.2 Four types of governance structure within relational special assets

	市场(Market,M)	科层(Integration,I)
不引入关系合约(Nonrelational Contract,N)	NSM	NSI
引入关系合约(Relational Contract,R)	RSM	RSI

在每一个时期,科学家会选择一种行动 n,行动集是 $a=(a_1,a_2,...,a_n)$,行动成本是 $c(a)$。在一个给定的时期内,行动的选择会影响雇主获得的产品价值 $X(X=Q,P)$,其中,Q 表示专用价值,P 表示其他用途价值。假设生产 Q 的概率是 $q(a)$,生产 P 的概率就是 $1-q(a)$,同时,假设 $\Delta Q=Q-P$,那么,$Q=P+q(a)\Delta Q$。此时,不能像大学治理结构那样假设 $c(0)=0$ 时 $q(0)=0$,因为在 NSI 下,科学家的"成本-收益"会有着与大学教师不同的情况。当科学家采取了一个最优行动 $a*$ 来最大化产品价值的时候,减去行动成本,科学家与雇主就能获得一个最大总收益:$S*=P+q(a*)\Delta Q-c(a*)$。

在有限理性的制约下,行动的选择除了科学家自己,谁也无法观察到,所以,无法针对行动选择制定出一个完全合约。从另一个角度来看,虽然行动无法观察到,但 Q 和 P 能够被这两者观察到,此时,4 种不同的治理结构就会影响到科学家的行动选择了。

在上述假设下,接下来将分别对 4 种治理结构进行分析。

(一)NSM

在 NSM 下,一旦科学家采取行动,他要么为雇主生产专用产品,要么将产品放置到其他用途上使用。此时,虽然不能针对 Q 和 P 的实现制定明确合约,但他们可以就产品的价格进行谈判。这里同样使用纳什谈判解来达到这个价格:雇主给科学家一个次优用途价格 P,加上被雇主使用时获得的盈利的一半 $1/2(X-P)$,价格就是 $P+1/2q(a)\Delta Q$。也就是说,价格是按照实现的产品的价值情况来进行支付的。

在 NSM 下,科学家的报酬是价格减去行动成本,此时,科学家就会选择一个行动 a^{NSM} 来解决:

$$U^{NSM}=1/2(X+P)-c(a)=P+1/2q(a)\Delta Q-c(a) \quad (3.25)$$

如果科学家要获得最大利润，实际上就是要使得（3.25）最大化。此时，雇主的收益就是 $X-1/2(X+P)=1/2(X-P)$。定义公式（3.26）作为雇主在 NSM 下的期望收益，那么，雇主收益的实现依赖于科学家的最优行动选择：

$$D^{NSM}=X-1/2(X+P)=1/2(X-P)=1/2q(a)\Delta Q \quad (3.26)$$

此时，总利益就是（3.25）+（3.26）：

$$S^{NSM}=P+q(a^{NSM})\Delta Q-c(a^{NSM}) \quad (3.27)$$

（二）NSI

在 NSI 下，除了给一个固定的工资 w 之外，雇主可以不用给科学家任何奖励而直接取走产品。实际上，在这样的情况下，二者是没有谈判的需要的，科学家也不可能将 X 用到其他地方来实现 P，X 只能被雇主使用来实现价值 Q。

$$U^{NSI}=w \quad (3.28)$$

$$D^{NSI}=Q-w \quad (3.29)$$

因而总收益就是：

$$S^{NSI}=U^{NSI}+D^{NSI}=Q \quad (3.30)$$

在这种情况下，只要交易成本不为零，NSI 是绝对比 NSM 占优的。在 NSM 时，科学家可以选择实现产品的次优用途，而不实现其专有用途。但在 NSI 的情况下，产品 X 是直接归雇主使用的，而不是雇主向科学家购买的，科学家无法通过将 X 转向用途 P 来威胁雇主。而对于科学家，在这种情况下，可以选择按照雇主的要求生产 X，并领取工资报酬 w；或者是不生产 X，但面临被雇主辞退的后果。

（三）RSI

与 NSI 不一样的是，关系合约能够给予科学家激励，因此，当关系合约存在时，核心问题是计算违诺之后的支付。我们同样分析“触发策略均衡”，此时，没有违诺的一方会拒绝与违诺的一方建立任何新的关系合约。换言之，因为这里只有两个主体，一方违约，那么，这两者将永远采用“NSM”或“NSI”形式。因此，我们允许双方在违诺后可以取消关系合约，此时，当 $S^{NSM}>S^{NSI}$ 时，采用 NSM，而当 $S^{NSM}<S^{NSI}$ 时，则采用 NSI。

考虑这样一个关系合约 $(w,b_Q,b_P)=(w,\{b_i\})$，在这个合约中，每一期的开始，雇主支付科学家工资 w，并且，当产品 X 被生产出来时，分别依据产品的价值 Q 和 P，雇主支付科学家 $b_i(i=Q,P)$。现在，假设科学家相信雇主会如承

诺那样支付 b_i(假设如果 $b_i<0$,科学家不会做出任何承诺的行动)。如果科学家接受这个合约,他会选择一个行动 a^{RSI} 来解决:

$$U^{RSI}=w+q(a)Q+[1-q(a)]P-c(a) \tag{3.31}$$

预期的雇主收益会是:

$$D^{RSI}=E[X-w-b_i|a=a^{RSI}]=P+q(a^{RSI})\Delta Q-[U^{RSI}+c(a^{RSI})] \tag{3.32}$$

此时,由 RSI 所产生的总收益就是:

$$S^{RSI}=U^{RSI}+D^{RSI}=P+q(a^{RSI})\Delta Q-c(a^{RSI}) \tag{3.33}$$

如果双方对于任何可能实现的 Q 和 P 都能遵守合约,那么关系合约(w, $\{bi\}$)就会自我实施。如果雇主违诺,说明雇主拒绝支付科学家的承诺奖励 b_i 而拿走产品。违诺之后,当 $S^{NSM}<S^{NSI}$,两者就保留联合所有权,雇主永久地赚取 NSI 下的收益 $D^{NSI}=Q$;或者,当 $S^{NSM}>S^{NSI}$,就采取独立所有权,雇主永久地赚取 NSM 下的收益 D^{NSM}。

先假设 $S^{NSM}<S^{NSI}$,此时,当违诺发生时,保持联合所有权和永久地赚取 D^{NSI}。只要遵守关系合约的收益大于违诺的收益,雇主就会遵守关系合约。由于目前遵守关系合约的价值是 $-b_i+1/rD^{RSI}$,此时,如果(3.34)成立,雇主就会遵守关系合约,而不是违诺:

$$-b_i+1/rD^{RSI}\geqslant 1/rD^{SGI} \tag{3.34}$$

科学家会通过拒绝雇主提供的奖励 b_i 来对关系合约违诺(或 $b_i<0$ 时,科学家不会做出任何承诺),以此来赚取 U^{RSI}。此时,如果(3.35)成立,则科学家会遵守合约,而不是违诺:

$$b_i+1/rU^{RSI}\geqslant 1/rU^{SGI} \tag{3.35}$$

如果(3.34)要对所有的 i 都成立,那么,就需要找到一个最大 b_i,同时,如果(3.35)要对所有的 i 都成立,那么就需要找到一个最小的 b_i。联立(3.34)和(3.35),在 $S^{NSM}<S^{NSI}$ 的情况下,就可以得到一个 RSI 自我实施的必要条件:

$$\max b_i-\min b_i\leqslant 1/r(S^{RSI}-S^{NSI}) \tag{3.36}$$

接着,假设 $S^{NSM}>S^{NSI}$,如果发生违诺,那么,两者将会采用独立所有权,此后,科学家和雇主将分别赚取 U^{NSM} 和 D^{NSM}。在这种情况下,(3.34)的左边部分就变成了 $1/rD^{NSM}$,(3.35)的左边部分就变成了 $1/rU^{NSM}$,因此,当 $S^{NSM}>S^{NSI}$,联立两种改变后的情况,就能够得到 RSI 自我实施的一个必要条件:

$$\max b_i-\min b_i\leqslant 1/r(S^{RSI}-S^{SGN}) \tag{3.37}$$

联立(3.36)和(3.37)就可以得到关系专用资产情况下,RSI 得以自我实施的一个充分必要条件：

$$\max b_i - \min b_i \leqslant 1/r[S^{RSI} - \max(S^{SGI}, S^{SGN})] = 1/r(S^{RSI} - Q) \quad (3.38)$$

这里可以看到，由于 S^{RSI} 永远小于 Q（如果不计交易成本的话，就等于 Q，但如果不存在交易成本，则任何生产方式都一样了），这就要求 $\max b_i - \min b_i$ 永远小于0，只要 b_i 为正，没有任何 b_i 能够满足(3.38)式的要求。

（四）RSM

接下来，我们考虑"RSM"类型，在这里，二者是相互独立的。如果承诺奖励 b_i 大于 NGM 时的价格 $1/2(Q+P)$，雇主更优的行动就是对关系合约违诺。类似地，如果 b_i 小于 NGM 时的价格，那么，科学家更优的行动也是违诺。所以，RSM 与 RSI 的关键区别在于产品的次优用途 P，P 影响了 RSM 是否被违诺的决策。

如果科学家对雇主遵守关系合约有信心，那么，科学家会采取一个行动 a^{RSM} 来解决：$U^{RSM} = w + q(a)b_Q + [1 - q(a)]b_P - c(a)$。雇主的预期回报是 $D^{RSM} = E[X - S - b_i \mid a = a^{RSM}]$，因此，在 RSM 下的总收益就是：

$$S^{RSM} = U^{RSM} + D^{RSM} = P + q(a)\Delta Q - c(a^{RSM}) \quad (3.39)$$

我们注意到，一个给定的关系合约$(w, \{b_i\})$，在 RSM 和 RSI 下会产生出相同的行动和相同的总收益（假设关系合约满足这两个情况中的相关违诺合约）。但是，正如下面所要证明的，RSM 与 RSI 的违诺诱惑是不同的。

一旦产品 X 被生产，雇主应该能得到的净收益是 $X - b_i$。如果雇主对关系合约违诺，他会与科学家谈判，以 NSM 的价格买下产品，而不是支付奖励 b_i，此时，雇主的收益是 $1/2(X+P)$。同样地，一旦 X 被实现，科学家应当获得 b_i 的奖励，如果违诺，科学家就会按照谈判价格出售产品。

首先，假设 $S^{NSM} > S^{NSI}$，此时，不管哪一方违诺，二者都会选择采用独立所有权。此时，对于所有的 i，在(3.40)下，雇主会选择遵守关系合约：

$$X - b_i + 1/rD^{RSM} \geqslant 1/2(Q - P) + 1/rD^{NSM}$$

上式可以写成：

$$b_i - 1/2X \leqslant 1/r(D^{RSM} - D^{NSM}) \quad (3.40)$$

同样地，如果(3.41)成立，对于所有的 i，科学家会选择遵守关系合约：

$$b_i - 1/2X \geqslant 1/r(U^{RSM} - U^{NSM}) \quad (3.41)$$

联立(3.40)和(3.41)可得到 $S^{NSM} > S^{NSI}$ 时，RSM 自我实施的必要条件是：

$$\max(b_i - 1/2X) - \min(b_i - 1/2X) \leqslant 1/r(S^{RSM} - S^{NSM}) \quad (3.42)$$

其次,假设 $S^{SGN} < S^{SGI}$,此时,不管哪一方违诺,都会使得双方脱离联合所有权,采取独立所有权的方式。在这种情况下,RSM 自我实施的必要条件就成了:

$$\max(b_i - 1/2X) - \min(b_i - 1/2X) \leqslant 1/r(S^{RSM} - S^{NSI}) \quad (3.43)$$

联立(3.42)和(3.43),我们可以得到一个关系专用资产的非一体化下,关系合约自我实施的充分必要条件:

$$\max(b_i - 1/2X) - \min(b_i - 1/2X) \leqslant 1/r(S^{RSM} - \max\{S^{NSM}, S^{NSI}\})$$
$$= 1/r(S^{RSM} - Q) < 0 \quad (3.44)$$

由于 $S^{RSM} \leqslant Q$,在这样的情况下,只要 b_i 为正,同样没有任何 b_i 能够满足(3.44)的要求。

综上,由于大科学实验室中的科学家人力资本的关系专用性,采用非关系合约的科层治理结构“NSI”(本书把这样的治理结构称为“大科学治理结构”)是一种能获得总收益最大化的占优治理结构。

三、冲突原因的博弈分析结果

(一)大学治理结构

对于大学治理结构的博弈模型,当大学教师的人力资本并非专用于雇主,并且生产的知识产品只有质量高低之分时,由特例可证:

一方面,“NGM”和“NGI”这两种治理结构是可以实现自我实施的,在这两种情况中,无论是大学教师还是雇主都没有违诺的激励和可能性。但“RGM”和“RGI”则无法实现自我实施,只要给出关系合约“R”,没有任何 Δb 能够使得双方的不违诺约束成立。因此,对于实现大学教师产出知识的最大价值而言,最好是不采用任何关系合约。

另一方面,对于“NGM”和“NGI”,虽然它们都能实现自我实施,但两者却存在一个根本性的区别。“NGM”是一种匹配“非关系专用资产性质”的治理结构,大学教师在这样的治理结构下能够实现最大价值或最高质量的知识产出 Q_H。“NGI”则是一种不匹配“非关系专用资产性质”的治理结构,它之所以能够实现稳定,在于非关系合约可以避免违诺诱惑的产生。在“NGI”中,大学教师无论生产高质量还是低质量的“知识产品”Q_i,雇主都只会给一个固定的工资 w,但大学教师又必须按照雇主的需求进行知识生产。此时,由于投机主义和有限理性,大学教师在“NGI”下生产 Q_L 是一种占优的行动选择。

因此,对于大学,只有采用不引入关系合约的市场治理结构“NGM”才能够在自我实施的要求下实现总收益最大化，而这个总收益最大化是市场价格，不存在租值消散。也就是说，这个分析结果佐证了为大学所构建的治理结构理想类型——小科学治理结构。

（二）大科学实验室治理结构

相较于大学，大科学实验室重复博弈模型并不需要通过特例来进行论证，其占优治理结构可以直观看到，当科学家生产的产品是专用于雇主，并且仅有专用用途和其他用途的性质区分时：

一方面，对于“RSI”，雇主尝试在科层治理结构中引入强激励的市场机制，即通过对其他用途价值 P 进行补偿来激励科学家实现价值 Q。而对于“RSM”，雇主则尝试在市场治理结构下进行选择性干预，以补偿的方式使得科学家不追求其他用途价值 P。然而，“RSI”和“RSM”的分析表明，在关系专用资产下，只要 b_i 的值为正，没有任何 b_i 可以满足引入关系合约后的治理结构。

另一方面，对于“NSM”，实现专用价值 Q 的前提是，科学家不是投机主义，不会以实现其他用途价值 P 来威胁雇主，同时，不存在有限理性和交易成本，使得生产成本为 0，否则，“NSI”永远比“NSM”占优。换言之，只要存在有限理性和投机主义，市场治理结构无法保证科学家必定会为雇主实现产品的专用价值 Q。

因此，对于大科学实验室，只有采用不引入关系合约的科层治理结构“NSI”才能够保证在自我实施要求下的总收益最大化，也就是“Q”。这个分析结果同样佐证了本书为大科学实验室所构建的治理结构理想类型——大科学治理结构。

（三）“一体化模式”下的治理结构冲突原因

从大学和大科学实验室的博弈分析可见，考虑资产性质和所要实现的价值，前者的占优治理结构是纯粹的市场治理结构，大学教师在这样的治理结构下能够实现最大价值产出，而大学教师和雇主则能实现总收益最大化；后者的占优治理结构是纯粹的科层治理结构，科学家在这样的治理结构下能够最好地实现雇主所需的专用价值，进而实现总收益最大化。

“一体化模式”把资产性质以及目标价值各异的大学与大科学实验室，放置于同一种组织框架内，而不确立明晰的治理结构边界。但是，由于资产性质和目标价值不同而使得这两种治理结构有着不同的博弈规则，这导致的可能结果是：在资产性质和目标价值不变的情况下，大学教师或科学家在选择行动策略时,要么采用市场治理结构(小科学治理结构)的规则,但无法实现大科学实验室的收益最大化;要么采用科层治理结构(大科学治理结构)的规则,但无法实现大学的收益最大化。这又佐证了理想类型分析中对"一体化模式"下的治理结构冲突判断:鱼与熊掌不可兼得。

本章小结

本章通过对科学家与大学教师行为假说的重新界定,阐明治理结构分析在本研究中的适用性,而这个重新界定,也是本书的基本出发点。在这个基础上,本章通过大科学工程组织的内部治理结构透视和边界划分,明确解释了"一体化模式"下的边界缺失是导致治理结构冲突的主要根源,正因为如此,我们认为有必要对科研组织的边界进行重新反思。最后,本章从博弈论角度对大科学工程组织的治理结构冲突原因进行了佐证性的检验分析,从数学的角度来辅助检验相应的理论推导。

第四章　大科学工程组织的治理结构冲突后果分析

通过大科学工程组织的治理结构冲突原因分析,我们能够推测这种模式可能导致的两种后果。然而,第三章的分析并不能明确指出,哪一种后果更有可能在现实中存在,更不能解释为什么在"新举措"中,是大学争夺大科学实验室的资源,而不是反过来的情形。为此,我们将通过实证的方式,对大科学工程组织的治理结构冲突后果做出进一步的分析。

本章的研究内容安排如下:在第一节中,提出了治理结构冲突后果分析的研究假设和概念模型;在第二节中,给出本章的研究设计,对样本和数据来源进行介绍,并根据概念模型给出统计模型,对研究假设进行了实证检验;在第三节中,根据实证检验结果,从资源吸纳机制和资源趋同化两个方面解释了治理结构冲突的后果;在第四节中,指出创建治理结构边界和桥接机制,是消解治理结构冲突及其后果的理论方案。

第一节　治理结构冲突后果的研究假设与概念模型

一、研究假设

国内外学界与实务界达成共识的一个观点是,大科学实验室有着清晰的组织管理手段和程序、确定而严密的组织结构等等,特别是,大科学实验室需要政府投入数以亿计的财政资金来实现国家战略目标和科学使命,从而大科学实验室必然要满足"人、财、物"管理的高度一致性,而非自由放任。因此,尽管本书未能将大科学实验室纳入这里的实证研究,但它的科研活动特征除了吻合"大科学治理结构理想类型"之外,还必然会吻合第二章第三节中的"企业治理结构概念模型",后者是已经得到现有文献的实证证据支持的。

然而，与大科学实验室共识现状相反的是，大学治理结构的现有理论主张是缺实证证据与历史事实支持的。正如我们在“导论”中所强调的，作为代表性的学术组织，大学现有理论主张的理想化，是导致大科学工程组织内部边界模糊的主要原因——因为大科学工程组织的“一体化模式”，指的是以大学为主导、依托大学管理和运行大科学实验室的组织模式。因此，如果要解释大科学工程组织的治理结构冲突后果，关键的切入点，正是搁置大学的现有理论主张，对“大学”这种组织建立新的认识。

我们认为，大学虽然不是企业意义上的经济组织，但“交易”也并非仅仅是经济或货币意义上的交易，其背后是基于“交易”所形成的制度，“交易成本”则是制度形成与维持过程中的“摩擦”，通过建立合理的治理结构来减少“摩擦”正是交易成本理论的一个研究核心[147,199]。相较于其他经济组织，难道“大学”这种组织的运作可以不考虑制度成本？如果不是假设大学存在于一个“零摩擦”的理想世界中，同时不是假设大学制度的运作不计成本，那么，与其他企业研究一样，也可以采用与经济相关的“运行绩效”作为反映大学组织绩效的替代指标[131]。

专用资产与大学运行绩效。对于某个特定的大学而言，为了获得更高的运行绩效，必然需要提高自身的竞争力。从资源基础观的角度来说，一个可行的办法是投入组织专用资产，这会使得大学获得竞争上的资源优势。例如，根据大学的优势学科或研究方向做出大量投资，购买所需的专用设备以及建立实验室或研究院，从而比其他具有类似学科或研究方向的大学更容易吸引人才和获得研究经费。换言之，与企业类似，大学也很有必要通过投入组织专用资产来提升竞争力，这会反映在组织效率和绩效的促进上[178]。据此，我们提出第一个研究假设是：

H1：大学投入的组织专用资产程度与大学运行绩效正相关。

专用人力资本与大学运行绩效。大学教师是大学人力资源构成的核心部分，其在人力资本上必然具有高度的专用性。对于现代大学，特别是现代的研究型大学来说，大学教师不仅仅负责传授知识，同时也是研究人员，而达到这个要求则需要长期的科研训练和知识学习过程，这个过程贯穿大学教师的整个职业生涯。为了鼓励大学教师投入更多的专用性人力资本，大学普遍采用了一种重要的治理安排，即“终身职”[214]。一方面，一名大学教师获得“终身职”，往往意味着他已经投入了大量专用性人力资本；另一方面，“终身职”不仅是一种鼓励大学教师投入专用性人力资本的治理机制，更彰显了“终身职”获得者在治学与研究上的水平、声望、地位以及在学术界中的社会资本。换言之，“终身职”教师就是一所大学最独特的人力资源，这种人力资源越多，显然就能更好地提升所属大学的品牌效应和竞争实力。由此可得到第二个研究假设：

H2：大学中获得“终身职”的教师人数与大学运行绩效正相关。

大学“终身职”的调节作用方向。专用资产和专用人力资本作为独特而关键的资源，无论对企业还是大学，其作用和意义是一样的，因此前两个研究假设按照同理推导的逻辑能够便利地提出来。然而，当涉及专用人力资本治理安排的调节作用时，按照同理推导，大学和企业可能就要出现分歧了。

在19世纪前的很长一段时间里，科学研究不过是富有的有闲阶级的业余爱好。随着科学事业的职业化，特别是二战之后，个体研究者已经很难承担科学研究所需要的资金和设备。一方面，在新的制度环境下，有意从事科学职业的个体不通过与某种组织签订合约而获得特定的组织身份，就很难获得正式经费体系的支持；另一方面，科研组织也产生了极大的分化，与不同类型的科研组织签约会有很大的区别。例如，与工业企业实验室或大科学实验室签约的研究者“雇员”，往往需要严格按照行政命令实现组织目标——这在本章的开头已经做出过说明。

而对于没有明确组织目标的现代研究型大学来说，其合约的作用主要是为研究者（即大学教师）提供一个“合法身份”，却不会做出过多的约束。可以观察到的是，大学在科研方面的特点是符合小科学治理结构理想类型的[①]。例如，大学教师科研成果与大学的“生产”需求几乎没有任何联系，而在企业中，工人在培训后所获得的专用知识，则需要专用于这个企业所需要的特定产品的生产。不仅如此，大学教师科研成果的价值评价主要是由科学共同体而非大学行政部门做出。例如科学共同体中的“公开出版制度”和“同行评议制度”，大学

① 需要注意的是，我们说“小科学”是大学的科研活动特征，并由此构建的“理想类型”，是对符合这种科研特征的所有因素的综合，是单方面的“夸张”和“强调”，因此，不可能在现实当中找到与“理想类型”完全一致的情况。在现实当中，科研并非大学教师的全部工作，大学教师需要完成大学行政部门的任务和要求，并接受其监督考核，每个月按时领工资，并根据工作绩效获得奖金或晋升机会，甚至如果得不到晋升或无法完成安排的任务，就有可能被大学辞退，如“非升即走”制度。但如果仅仅考虑“科研活动”的话，大学的“小科学治理结构”特征是非常显著的。

行政部门能够考核的只是指标本身。而这些科研指标多数不涉及具体的科研内容,也非生产过程中的工序需求。换言之,大学教师的人力资本是专用于他自身的。

实际上,大学根本无法约束大学教师的具体研究方向或研究方式,因为一所大学不仅有着众多的学科,而且每个学科可以存在无数的可能研究方向,对这些方向的选择只能取决于大学教师自身的研究兴趣、能力或学科背景——这正是"小科学"的特点①。如果说企业的"终身职"或"股权分配",最终目的是为了保障企业投入的专用资产的价值,那么,大学的"终身职"却主要是为了保障大学教师将更多的人力资本投入到自身之上。

由这种治理安排可见,大学组织与大学教师所建立的合约,迥异于企业,更像是在保持相互独立的前提下,又各取所需。因此,即便是在大学行政管理越来越专业化、行政管理部门权力越来越大的今天,大学教师,特别是获得"终身职"的教授却对自身的专用人力资本有着高度的正式自治权[215]。这种合约自由和自治权表现为:除了自由决定自己的研究方向或研究方式外,大学教师可以自由地与其他组织的教师或研究人员,乃至其他部门建立各种正式或非正式的"组织外合约"。例如,与其他大学或部门的研究人员合作研究和联合发表研究成果,担任其他大学的兼职教授,成为大学与某个研究机构的联合聘任研究员,担任某个公司的顾问或为其提供技术支持,甚至是成立公司,等等。而这种"组织外合约"多数时候并不需要大学的特别批准或授权,甚至还能够得到大学的资源支持。大学多数时候不仅没有因此遭到损失,反而是大学教师这些活动所产生的"溢出",使所属大学获得更高的绩效和声誉。这使得大学"有组织"却又"松散联合且混乱"。

问题恰恰也出现在这里。

大学理念之所以备受质疑,除了无法得到历史事实和实证检验支持外,还有一个重要因素是它把大学教师塑造成了追求真理和自由、为学术和教学无私奉献的理想人和公益人。在这种行为假设下,任何组织设计或合约安排其实是没有区别的。但历史事实表明,大学最初在中世纪出现的时候,不过是人们为

① 正如我们在第三章所论证的,小科学治理结构内运行着自发责任机制、分散化权力机制和强激励机制。除非是更改组织模式,或者是像当初中国计划经济体制那样付出巨额交易成本,否则不可能制订出一个覆盖所有研究领域的中央计划。

了保障自身物质利益的一种"行会",大学教师的诸多行为并没有脱离有限理性、投机主义和追求利益最大化的"经济人"品性,这种行为在当前经费体系的竞争规则下,更不需要遭到质疑[132]。实证研究也表明,当大学投入组织专用资产来提高竞争优势时,大学教师更有动机将这些资源纳入到个人的研究目标和需求中,而不是组织目标[136,137]。迥异于企业的大学合约安排为大学教师的这种行为提供了正当性,特别是,当大学教师在获得"终身职"而成为大学的永久合作伙伴时,这种治理安排不可能像企业那样对组织专用资产起到正向调节作用。因此,考虑到大学的独特合约和大学教师的"经济人"品性,对于大学"终身职"的调节作用,我们给出与已有企业研究文献截然相反的第三个研究假设:

H3:"终身职"对大学专用资产与运行绩效的关系负向调节。

二、概念模型

根据上述 3 个假设的逻辑关系,我们就从"科研"的角度,得到了一个大学治理结构的概念模型,如图 4.1 所示。

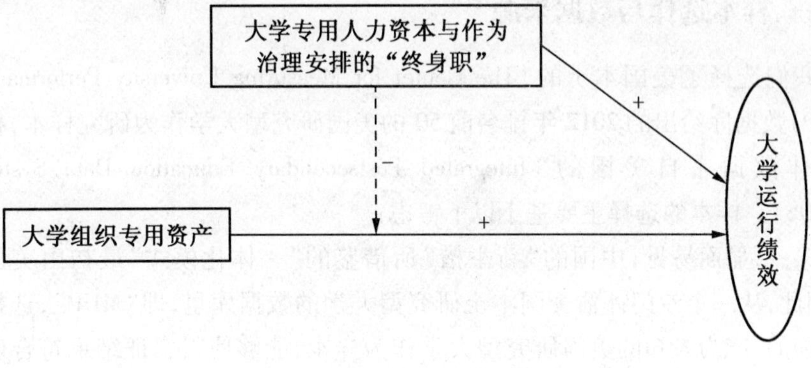

图 4.1　大学治理结构的概念模型

Fig. 4.1　Concept model of university governance structure

注:实线与"+"表示大学专用人力资本与专用资产分别对大学运行绩效起到正向的促进作用,而虚线与"-"表示"终身职"的负向调节作用。

从图 4.1 可清楚看到,单从"专用资产与运行绩效关系"和"专用人力资本与运行绩效关系"来说,大学与企业的治理结构概念模型是存在共同点的。然而,大学作为一种小科学治理结构,它与企业在专用人力资本的制度安排上产生了分歧,即大学的"终身职"对组织专用资产和运行绩效的关系负向调节,而不是如企业那样的正向调节。也就是说,大学在专用人力资本方面所建立的制度安排,并不能构成大学组织专用资产的治理保障。

因此,在大学与大科学实验室一体化的治理结构下,一方面,由于这种治理结构有着难以调和的内在冲突,为了避免因冲突所带来的组织混乱,必然有一方会产生妥协;另一方面,由于大科学实验室是依托于大学管理,而不是反过来,因此,妥协的一方主要是大科学实验室,而不是大学。在这样的情况下,一体化治理结构下的大科学实验室资源就成了大学的组织专用资产,但大学在专用人力资本上的制度安排,却不能在事后成为大科学实验室资源的治理保障。

以上是我们根据大学治理结构的概念模型所做出的分析。然而,这个概念模型是基于前面的3个假设所构建的,如果要使得这个分析更加可靠,就必须要对3个假设进行实证检验。

第二节　治理结构冲突后果的实证检验

一、样本选择与数据来源

我们选择了美国本土的“The Center for Measuring University Performance”(MUP)数据库给出的2012年排名前50的美国研究型大学作为研究样本,样本的具体数据来自美国的“Integrated Postsecondary Education Data System”(IPEDS)。样本的选择主要基于以下考虑:

第一,显而易见,中国的“新举措”所借鉴的“一体化模式”最初由美国所创,因此,从一个专门评估美国本土研究型大学的数据库里,即“MUP”,选择排名靠前的、广为人知的美国研究型大学作为样本,能够使得实证结果符合研究需求和更具解释力。

第二,所选取的大学并非一定要拥有大科学实验室,因为我们是要研究大学治理结构的一般性特点。只要小科学研究仍然属于大学的主要研究取向,只要大学不是转变为某个国家或私人部门的专属研究部门或专用人才培养机构,那么,是否拥有大科学实验室,对于大学治理结构的一般性特点并无实质性影响。

第三,本书的研究涉及多个年份的大学资产具体数值和获得“终身职”的人数统计。由于公开制度的不完善,中国当前并没有类似的大学数据库,无法获得具体的、多个年份的资产、负债和人力资本信息。而美国的IPEDS囊括了美国所有大学 2012 年及之前的机构数据，这使得样本数据具有高度的可获得性和准确性。此外，因为来自同一个数据库，这使得数据因会计规则的统一性而具备良好的信度和效度。

第四，在具体的文化、制度以及管理体制上，中国与美国的大学是必然会存在差异的。然而，前文已经明确指出，我们所使用的是组织形态学意义上的治理结构，并不涉及具体的组织架构。在当今的制度环境下，无论国内还是国外的大学，特别是研究型大学，在科研取向和科研模式上已经有着高度的趋同性。除非中国政府要把大学改革为一个专属的政府研究机构，否则，我们因研究局限而选取美国研究型大学数据来进行实证分析的选择以及由此而得出的结论，对于同样以小科学研究为主要取向的中国大学而言，是具有适用性的，具体的文化、制度以及管理体制差异对此同样不存在实质性的影响。

第五，我们排除了：①加利福尼亚大学体系，因为这个大学体系的会计方式与其他大学有很大区别，例如，这个体系的统计表格中没有“总资产”这个指标；②一些出现异常统计数值的大学，例如，有的大学在某一年的总资产值或捐赠资产指标，远远超过同一个大学的前后年份；③某些统计数据上有缺失值的大学，例如，有的大学没有给出捐赠资产的数值；④对于年份的选择，在 IPEDS 数据库中，2010 年之前，除了少数公立大学之外，大部分的美国大学并不统计“在建工程”“无形资产”和“固定资产净值”，而这些恰恰是本书量度组织专用资产的替代性指标的主要组成部分。

最终，我们获得 2010 年 ~ 2012 年 3 年间 65 所美国研究型大学的面板数据，详见“附录”。

二、变量设置与统计模型

被解释变量。本研究的被解释变量是大学的运行绩效。已有研究从经济角度研究企业运行绩效的替代性指标有很多。例如，“托宾 q”就是研究上市公司采用的比较多的指标，而其他的指标还有销售利润率以及净资产收益率，等等[178,181]。根据 IPEDS 提供的数据情况，本书使用净资产收益率（ROE）作为大学运行绩效的替代变量，其计量方式为“净收入 · 2/（本年期初净资产 + 本年期末净资产）”。

解释变量。本书的两个主要解释变量是大学的“组织专用资产”与“终身职”。

目前的研究主要使用“固定资产净值、在建工程、无形资产以及长期待摊费用之和占总资产的比例”作为“组织专用资产”的替代变量[216,217]。由于 IPEDS 数据库并不提供“长期摊派费用”,我们只能够使用“其他三者之和占总资产的比例”作为组织专用资产的替代变量(Asset Specificity, AS)。

至于大学“终身职”,IPEDS 数据库在“Tenured(T)”一项提供了直接的统计值,为了实现大学之间的比较,我们将“每个大学终身职人数占总工作人数的比例”作为计量大学专用人力资本的替代变量。

控制变量。一方面,美国的大学——特别是私立大学——严重依赖于校友及社会的捐赠资产,而且,在众多的美国大学排名机构中,这是一个必然使用到的指标。因此,捐赠资产是一个影响美国大学经济绩效的重要因素。我们采用“捐赠资产增长率(Endowment Grow,EG)”,即“(年期末捐赠资产 - 年期初捐赠资产)/年期初捐赠资产”,作为其中一个控制变量。

另一方面,从以往的实证研究来看,资产负债率(Asset Liability Rate,ALR)和组织规模(SIZE)常常被用作企业经济绩效的控制变量,我们也将其应用到本研究中。其中,资产负债率的计量方式是“大学的负债总额除以资产总额”;而参考 Wang 等人的研究,当把专用人力资本的治理安排看作是一种治理机制时,如本书的大学“终身职”,适合采用总人数的自然对数(lnSIZE)作为组织规模的控制变量[181]。

统计模型根据前面的理论分析和图 4.1 给出的概念模型,我们建立以下统计模型:

$$ROE = \alpha_0 + \beta_1 AS + \beta_2 T + \gamma_3 T * AS + \delta_4 EG + \delta_5 ALR + \delta_6 \ln SIZE + \varepsilon$$

经济绩效的替代指标“*ROE*”是被解释变量。α_0 是常数项。β_1 和 β_2 分别是解释变量“*AS*”和“*T*”的相关系数。$T * AS$ 是组织专用资产与终身职的交互项,用以测量终身职对组织专用资产与组织运行绩效的调节作用,γ_3 是这个交互项的相关系数。参数 δ_5 和 δ_6 分别是控制变量“*ALR*”和“*lnSIZE*”的相关系数。ε 是误差项。

在这里,需要做出强调的是,虽然促进大学运行绩效的因素有很多,除了上述指标之外,可能还有学生来源、教学情况、地理因素等等,但我们建立这个统计模型的目的,并非在于寻找到什么因素能够促进大学的运行绩效,而是要检验大学对其专用人力资本的治理安排所起到的调节作用。换言之,$T * AS$ 的相关系数 γ3 的正负号才是本研究的关注点。

三、实证结果

面板数据的统计处理通过 STATA/SE 11.1 进行。

首先，从整体上看，样本的数据集结构如表 4.1 所示，大学个体 $n=65$，时间跨度 $T=3$，属于“大 n 小 T 型”的短面板数据。而且，两者的分布与频率结果说明没有遗漏值，因此，样本还是一个平衡面板数据。

表 4.1　样本的数据集结构

Tab. 4.1　Data structure of the sample

University: 1, 2, ……, 65　　n = 65

Year: 2010, 2011, 2012　　T = 3

Distribution of T_i:	min	5%	25%	50%	75%	95%	max
	3	3	3	3	3	3	3

Freq.	Percent	Cum.	Pattern
65	100.00	100.00	111

其次，样本中各个变量在整体(overall)、组间(between)和组内(within)的均值、标准差、最小值和最大值如表 4.2 所示。需要说明的是：(1) 由于这是一个 $n=65$ 和 $T=3$ 的平衡面板数据，所以有“$N=195$”个观测值；(2) 变量“Univ.”的组内标准差为 0，因为分在同一组的数据属于同一个大学；(3) 变量“Year”的组间标准差为 0，因为不同组的这一变量取值完全相同。

最后，针对这类静态面板数据的统计模型主要有混合 OLS 模型、固定效应模型和随机效应模型，为了确定使用哪种统计模型，我们分别进行了 F 检验和豪斯曼检验。F 检验的结果是“$Prob > F = 0.0003$”，远小于“0.05”，表明固定效应模型要优于混合 OLS 模型；而豪斯曼检验的结果是“$Prob > chi2 = 0.0004$”，同样远小于“0.05”，表明采用固定效应模型要优于随机效应模型。因此，本书使用固定效应模型对样本进行估计。此外，考虑到短面板数据普遍存在的异方差，这里将“university”作为聚类变量，然后使用“聚类稳健标准差”(Robust std. Err.)对此做出控制。最后的结果如表 4.3 所示。其中，“_CONS”是常数项，表示所有个体效应的平均值。

表 4.2　样本变量的基本统计量

Tab. 4.2　Statistic of the sample's variables

Variable		Mean	Std. Dev.	Min	Max	Observation
ROE	overall	0.017 767 7	0.015 250 2	−0.042 026 7	0.053 640 8	N = 195
	between		0.008 418 5	−0.023 300 7	0.036 116 5	n = 65
	within		0.127 448	−0.019 436 4	0.047 645 9	T = 3
AS	overall	0.388 553 9	0.184 080 1	0.029 141 6	0.847 182 3	N = 195
	between		0.184 619 1	0.045 360 2	0.845 505 6	n = 65
	within		0.012 356 4	0.339 779 5	0.440 762 4	T = 3
T	overall	0.081 97	0.039 010 4	0.033 839 6	0.545 258	N = 195
	between		0.026 413 4	0.035 463 3	0.219 724 2	n = 65
	within		0.028 832 9	−0.082 390 4	0.407 503 8	T = 3
EG	overall	0.079 709 8	0.081 089 2	−0.185 057 1	0.286 989 9	N = 195
	between		0.026 735 1	−0.012 134 2	0.152 603 2	n = 65
	within		0.076 603 3	−0.117 164 8	0.224 198 8	T = 3
SIZE	overall	13 057.77	6 218.177	2 005	32 144	N = 195
	between		6 235.062	2 184.333	31 197.33	n = 65
	within		436.482 9	11 015.77	14 937.11	T = 3
ALR	overall	0.335 472 9	0.115 328 5	0.098 384 6	0.741 958 6	N = 195
	between		0.114 681 4	0.099 097	0.068 981 1	n = 65
	within		0.016 864 7	0.290 944 5	0.387 620 5	T = 3
Univ.	overall	33	18.809 96	1	65	N = 195
	Between		18.907 67	1	65	n = 65
	within		0	33	33	T = 3
Year	overall	2011	0.818 598 2	2010	2012	N = 195
	between		0	2011	2011	n = 65
	within		0.818 598 2	2010	2012	T = 3

表 4.3　样本的固定效应模型估计结果

Tab. 4.3　Sample's estimation results of fixed effect model

Fixed effects (within) regression　　number of obs. = 195

Group variable: university　　number of groups = 65

R - sq: within = 0.6810

F(6, 64) = 1348.60

Prob > F = 0.0000　　(Std. Err. adjusted for 65 clusters in university)

ROE	Coef.	Robust Std. Err.	t	$p>\|t\|$	[95% Conf. Interval]	
AS	0.141 402 7	0.067 350 2	2.10	0.040	0.006 855 2	0.275 950 2
T	0.214 167 4	0.051 682 7	4.14	0.000	0.110 919 4	0.317 415 5
T * AS	-1.855 752	0.581 290 2	-3.19	0.002	-3.017 012	-0.694 491 3
EG	0.125 489 9	0.011 878 1	10.56	0.000	0.101 760 8	0.149 219 1
ALR	-0.165 506 1	0.037 948 6	-4.36	0.000	-0.241 317 1	-0.089 695 2
lnSIZE	-0.057 962 7	0.025 991 4	-2.23	0.029	-0.109 886 5	-0.006 038 9
_CONS	0.591 835	0.248 232 5	2.38	0.020	0.095 933 5	1.087 736

sigma_u　0.037 917 59

sigma_e　0.009 003 1

rho　0.946 631 65 (fraction of variance due to u_i)

从表 4.3 可以看到,对于面板数据模型而言,组内 $R^2=0.6810$,表明测量模型的拟合优度已经相当不错。参数联合检验的 F 统计量为“1 348.60”,相应的 P 值为“0.000 0”,表明参数整体上相当显著。“sigma_u”和“sigma_e”是固定效应模型中个体效应和随机干扰项的方差估计值,“rho”表示两种效应的关系,从 rho 值可知,复合扰动项的方差主要来自个体效应的变动。从相关性来看,无论是解释变量还是控制变量,都在95%的置信区间内显著,本章 3 个研究假设均得以证实。

第三节 作为冲突后果的资源吸纳机制与资源趋同化

一、资源吸纳机制

实验检验结果表明了这里构建的大学治理结构概念模型的合理性：

①大学投入的组织专用资产程度“*AS*”与大学运行绩效“ROE”显著正相关。

②大学中获得“终身职”的教师人数“*T*”与大学运行绩效“ROE”显著正相关。

③“终身职”对大学专用资产与运行绩效的关系负向调节，即交互项“*T* * *AS*”与“ROE”显著负相关。

①和②表明，单独从组织专用资产和独特人力资本来看，大学与一般企业无异，即这两种资源均能提升大学的运行绩效和竞争力。但是，③却表明，与企业相比，大学的专用人力资本治理安排，对组织专用资产和组织运行绩效的关系存在截然相反的负向调节作用。更关键的是，大学在专用人力资本方面的治理安排，揭示出了大学的小科学治理结构的独有特性。我们把大学治理结构的这种负向调节作用称为“资源吸纳机制”。

这个研究结果为行政权力与学术权力之争提供了一个新的解释，即：当大学内的行政团体尝试为大学确立一个目标并为之动员资源时，学术团体总会有动机，并且正当地按个人或学院需求配置组织资源，改变这些组织资源的原初用向和用场，表现出作为专用人力资本治理安排的“终身职”，对大学组织专用资产与运行绩效关系的负向调节作用。这种负向调节作用是大学独有的资源吸纳机制，它维系了大学“小科学”式的自由研究和前沿探索功能。对此，可以放置于大学的“小科学治理结构”理想类型下进行理解。因为大学内成员是分散自治的，且被责任自发机制、分散化权力机制和强激励利益机制界定组织边界，进入到大学治理结构边界内的资源，就不可避免地按照这样的关系与运行机制进行分配。如果大学的“资源吸纳机制”与企业或大科学实验室一样，其存在的合理性就要受到怀疑了。然而，在“一体化模式”下，由于缺乏治理结构边界的保障，大学的资源吸纳机制造成了大科学实验室与大学的资源趋同化后果。

二、资源趋同化

当采用“一体化模式”时大科学实验室就在大学的组织框架内运行，那么，大科学实验室既不可能脱离大学制度的影响而自成一体，也不可能禁止大学通过大科学工程组织的“一体化模式”来获得大科学实验室资源使用上的优先性，否则，大学也就没有必要争取成为大科学实验室的管理者了。换言之，当采用“一体化模式”构建大科学工程组织，就不可能为大学和大科学实验室确立明晰的治理结构边界。

因此，当采用“一体化模式”时，限定在大学制度框架内的大科学实验室的独特大科学资源，在缺乏治理结构边界的保障下，实质上就会成为投入到大学科研活动中的组织专用资产。虽然组织专用资产有助于大学增强竞争力和汇聚人才，进而提升大学运行绩效，但在大学的资源吸纳机制作用下，大科学实验室的资源不可避免地趋同于大学，被大学所同化。这种资源趋同化后果，外在地表现为大学争夺大科学实验室的资源。这样的现象并不仅仅发生在中国。作为“一体化模式”的发源地，美国的大科学实验室不仅资源趋同于大学，甚至连研究模式和任务目标都曾趋同于大学，美国能源部的合约管理实践因此而备受多方指责，最终不得不进行了改革（关于这些现象，我们会在下一章有详细的披露）。

此外，从分析结果可见，美国大学，特别是私立大学高度依赖于每年的捐赠资产，这使得捐赠资产“EG”对美国大学的运行绩效影响十分显著。而“ALR”“lnSIZE”与“ROE”显著负相关，这说明举债经营或扩大规模并不能提高大学的经济绩效。在中国，捐赠资产对大学的作用并不如美国那么显著。相较而言，中国大学由于多数属于公立大学，在法律缺失和大学缺乏负债意识的情况下，中国大学因不断扩大规模而普遍存在高资产负债率的情况，亏损和风险却往往由政府承担[218]。作为非营利组织，大学很难像企业那样在高负债的同时还能获得高收益。也就是说，举债经营和规模扩张的战略并不有利于大学的可持续发展，这对于中国和美国的大学是一样的。因此，中国必须加快从当前的粗放型发展方式向内涵型发展方式转变。不过，由于这个“额外发现”并非本书的研究主题，就不多做赘述了。

综上所述，以“小科学治理结构”运作的大学，并不适合将大科学实验室这种具有高度任务目标取向性的组织机构纳入自身的管理框架内。也就是说，“一体化模式”并非理想的大科学工程组织模式。然而，中国实施“新举措”的其中一个认知前提，正是通过构建“一体化模式”的大科学工程组织，进而实现大学与大科学实验室的资源互补。但实证研究表明，“一体化模式”由于缺乏治理结构边界的保障，而导致大学的资源吸纳机制直接作用于大科学实验室，使得大科学实验室的资源趋同于大学——这是大科学工程组织因采用“一体化模式”而产生的治理结构冲突后果。在这种情况下，“新举措”将何去何从？

第四节 消解治理结构冲突及其后果的理论方案

我们在第二章中曾描述过一种名为“混合治理结构”的组织形态，其既不是纯粹的市场，也不是纯粹的科层，并根据资产专用性程度的不同而呈现出社会网络或联盟实体等不同的具体组织形式，被 Baker 等学者比喻为链接市场和科层两种治理结构的“桥”。换言之，当市场和科层两种治理结构无法在同一组织边界内共存，但又希望某个组织能在一定程度上同时拥有这两种治理结构的优点，混合治理结构就成为一个可行选择。这种组织形态实质上就是“学术组织－产业组织”和“产业组织－产业组织”合作关系研究中的“边界组织”。据此，我们认为消解治理结构冲突及其后果的理论方案，是为大学与大科学实验室创建治理结构边界，并在这个基础上，采用混合治理结构作为彼此建立合作关系的“桥接机制”，形成新的大科学工程组织模式。

Baker 等人曾尝试针对不同的混合治理结构建立精细的博弈模型，来分析哪种混合治理结构占优，结果却是“不存在占优的混合治理结构”[110]。本书认为，产生这种分析结果的原因在于：一方面，图 2.5 表明，A 与 B 之间是一个连续区间，如果不确定实际中的资产关系专用程度，就根本无法确定混合治理结构的具体形式；另一方面，对于市场和科层两种治理结构，可以把资产的关系专用程度放置到两个极端位置进行建模，但对于混合治理结构，则根本无法确定哪里属于资产关系专用程度的极端位置。正因为如此，这里并不准备为混合治理结构建立类似于大学或大科学实验室那样的博弈模型。我们在第三章曾通过构建大学和大科学实验室的重复博弈模型来检验理想类型分析结果，在这里，我们尝试简化第三章的两个模型来进行分析。

一、创建治理结构边界

假设在一个环境中有两种组织，即“组织1”和“组织2”。组织1有两种资产，即非关系专用人力资本 a_1 和组织专用资产 A_1。组织2也有两种资产，即关系专用人力资本 a_2 和组织专用资产 A_2。

对于组织1。组织1的可选策略有两种 S_{11} 和 S_{12}，策略 S_{11} 表示采用大学治理结构（市场治理结构），即 a_1 和 A_1 的治理安排相互独立，不存在交互作用；S_{12} 表示采用科层治理结构（一体化治理结构），即 a_1 和 A_1 统合丁一种治理安排下，存在交互作用。大学与大科学实验室治理结构的概念模型及大学治理结构的实证分析表明，当人力资本性质是非关系专用时，S_{11} 能获得最大收益 P_{11}，为了便于分析，令 $P_{11}=1$；而 S_{12} 则获得最小收益 P_{12}，为了便于分析，令 $P_{12}=0$。

对于组织2。组织2的可选策略有两种 S_{21} 和 S_{22}，策略 S_{21} 表示采用大学治理结构（市场治理结构），即 a_2 和 A_2 的治理安排相互独立，不存在交互作用；S_{22} 表示采用科层治理结构（一体化治理结构），即 a_2 和 A_2 统合于一种治理安排下，存在交互作用。同样，大学与大科学实验室治理结构的概念模型及大学治理结构的实证分析表明，当人力资本性质是关系专用时，S_{21} 能获得最小收益 P_{21}，为了便于分析，令 $P_{21}=0$；而 S_{22} 则获得最大收益 P_{22}，为了便于分析，令 $P_{22}=1$。

对于组织1和组织2采用“一体化模式”的总收益。当组织1和组织2采用“一体化模式”来建立合作关系时，由于“鱼与熊掌不可兼得”，如果组织2被一体化到组织1中，就需要使用组织1的规则，此时，组织1的收益为1，组织2的收益为0，总收益为 $1+0=1$，反之亦然。

对于组织1和组织2在相互独立下的总收益。如果组织1和组织2完全不合作，那么，组织1和组织2选择各自的最大化收益策略，组织1能够实现收益为1，组织2能够实现收益为2，总收益则为 $1+1=2$。

由以上可见，在这两个极度简化后的博弈模型分析下，如果要获取最大收益，组织1和组织2的最优策略就是选择相互独立，而不是采用“一体化模式”。这是第三章的论证结果。如果要使得组织1和组织2相互独立，就要为这两种组织创建治理结构边界，使两者的内部机制不会相互渗透和融合，否则就与采用“一体化模式”没有实质差别。然而，是否存在第3种选择，即在为组织1和组织2创建治理结构边界，使其得以相互隔离的情况下，又能通过合作而获取更大的总收益呢?

二、创建治理结构桥接机制

组织1和组织2实际上就是指代大学和大科学实验室,而本书的最终目的是要探寻基于大学与大科学实验室建立大科学工程组织的合理方案。因此,对于本研究所要实现的目的而言,在大学与大科学实验室"采用缺乏效率的'一体化模式'建立合作关系"或"彼此独立,互不往来"之外,能否寻找到第3种选择,就显得尤为重要了。从交易成本理论来看,这种选择就是重新创造一种"组织3",这种组织既不采用大学治理结构,也不采用大科学实验室治理结构,而是采用混合治理结构。

对于组织3。组织1和组织2分别投入适当的资产 a_{31} 和 a_{32}(包含有 a_1 和 a_2 的性质,但程度介乎两者之间),以及 A_{31} 和 A_{32}(包含有 A_1 和 A_2 的性质,但程度介乎两者之间)组建组织3。正如图2-5表明,如果要构建混合治理结构,那么,就要使得投入资产的关系专用性程度介乎于A与B之间。组织3采用混合治理结构作为新策略 S_3,此时,a_{31}、a_{32}、A_{31} 和 A_{32} 统合于同一治理安排下。在新策略 S_3 下,组织3通过 a_{31}、a_{32}、A_{31} 和 A_{32} 的交互作用,能够创造出收益 P_3。

为了简化分析,令 $0 < P_3 \leqslant 1$。因为,一方面,如果资产不统合于同一治理安排下、资产间不存在交互作用以及组织3的收益等于0,那么组织1和组织2就没有合作的必要性;另一方面,两者的合作亦有可能创造出最大收益,我们已经限定这样的收益为1。如果这样的组织能够成立,那么,总收益将会是3种组织收益之和,而这个和必然超过组织1和组织2相互独立时的最大总收益2,即 $1 + 1 + P_3 > 2$,否则,组织1和组织2同样是没有合作必要性的。换言之,建立组织3是组织1和组织2的第3种选择。借助Baker等人的比喻,我们把组织3所采用的混合治理结构,称为组织1和组织2建立有效合作关系的"桥接机制"。需要强调的是,组织3的具体形式不像组织1或组织2那样可以明确地用企业或市场去表述,根据组织1和组织2投入的关系专用资产的程度不同,组织3会呈现出不同的具体组织形式——这是交易成本理论对当今组织多元化现象的一个重要洞见。

综上所述,如果要减少交易成本,消解大科学工程组织的治理结构冲突及其后果,一个可行的理论方案就是为大学与大科学实验室创建治理结构边界,使这两种组织相互隔离和彼此独立,在这个基础上,由两种组织投入介乎A与

B 区间的关系专用程度的资产，以混合治理结构来创建两种组织的桥接机制，构建新的大科学工程组织模式。

事实上，当我们在这样的思考下重新审视和考察“一体化模式”时，发现这种“新举措”所借鉴的“一体化模式”，在美国本土早已经开始实施本章所提出的“理论方案”。

本章小结

本章通过为大学治理结构确立新的理论基础，提出了治理结构冲突后果分析的研究假设和概念模型，然后利用面板数据模型进行了实证检验。实证结果表明，在“一体化模式”下，由于缺乏治理结构边界保障，在大学的资源吸纳机制作用下，大科学工程组织的治理结构冲突后果，表现为大科学实验室的资源趋同于大学。最后，通过简化的博弈分析，指出消解治理结构冲突及其后果的理论方案，是为大学与大科学实验室创建治理结构边界和桥接机制，构建新的大科学工程组织模式。

第五章　大科学工程组织的治理结构演化分析

当分析了大科学工程组织的治理结构冲突原因与后果，紧接而来的疑问是，如果说“一体化模式”不合理，那么，这种模式最初为什么能够在美国诞生并获得成功？对此，本章的研究安排是：首先，在第一节中，基于“社会运动”视角，通过对“曼哈顿工程”的重新诠释，分析大科学工程组织的治理结构演化初始条件；在第二节中，基于演化交易成本分析框架，剖析大科学工程组织的治理结构演化路径；最后，第三节是本章研究结果的讨论和启示。

第一节　治理结构演化的初始条件

一、从小科学到大科学的社会结构转变与制度生成

之所以选择“社会运动”作为分析视角，是由于社会运动——特别是大规模的社会运动——往往会通过改变人们对社会的认知而促使新秩序和新制度的生成[219]。再以“宗教”为例，人类对世界的最初认知是由“宗教”的概念和逻辑来构建的，并在这些认知下建立社会制度和进行社会实践。在经历了“文艺复兴运动”、以“日心说”为代表的科学革命运动、基于“理性主义”的“启蒙运动”等社会运动后，人类的认知开始建基于“科学”的概念和逻辑，从而导致宗教社会制度的终结。

虽然“曼哈顿工程”并不是一般意义上所说的“社会运动”，但是，从其对美国科技制度的影响来看，“曼哈顿工程”却具有了“社会运动”的功能。因为，回顾美国的科技制度史，可以发现，在“曼哈顿工程”的影响下，美国科技制度在二战前后发生了巨大的变化：

二战之前。一方面，直到 19 世纪末，大部分的科学发明仍然是由个人完成

的，政府也仅是出于道义而给予科学家一定的资助；尽管在20世纪的早期，工业企业的实验室开始取代纯个人研究，但这种变化极其有限[220,221]。另一方面，1940年前，美国企业的大部分创新活动呈现出"资源密集型"特征，沿着第一次工业革命和第二次工业革命所形成的"资本深化"的经济发展方向前进，主要反映了新型的非生物动力的生产设施与自然资源投入之间的技术互补关系[220,221]。

二战之后。一方面，美国建立起了一个由联邦政府、工业企业和综合性大学组成的庞大联合研发与创新体系，其制度形式及投资力量前所未有[221]。这种制度形式随后迅速蔓延全球，成为当今各个工业国家通过科技创新来实现经济增长的主要模式。另一方面，美国的经济增长从"资源依赖"转变为"以知识为基础"，自然资源重要性已经被知识与资本的跨区域流动以及人力资本的培育所取代[220,222]。

由以上可见，美国科技制度的转变与小科学时代向大科学时代的转变，发生在同一个时间段上，而期间所发生的重要历史事件正是"曼哈顿工程"，大科学工程组织就是在这个过程中生成的。分析这个历史事件，将有助于发现大科学工程组织的治理结构演化初始条件。基于这些思考，我们整合资源动员理论、政治过程理论和社会结构理论，通过构建"社会运动"分析框架，对"曼哈顿工程"的实施与演进展开剖析。

（一）"曼哈顿工程"的兴起与小科学社会结构制约

1. 兴起时期的组织特征与资源来源

组织特征。由于德国纳粹的迫害，欧洲许多优秀的核物理科学家逃亡到了美国，并给美国的科学家带来了德国关于核裂变和链式反应的消息，他们成立了一个核物理科学共同体，由劳伦斯等人作为领袖。这些科学家认为有责任警告美国，德国正在进行链式反应研究，有可能会制造出一个能量巨大的炸弹，强烈建议美国需要赶在纳粹德国前制造出原子弹[223]。

最初的动员策略是派出代表进行院外游说。1939年3月，哥伦比亚大学的佩格勒姆首先同政府洽谈，唯一成果是引起海军部的兴趣[223]。第二次与政府接触的尝试是西拉德和维格纳促成的，他们联合爱因斯坦，与亚历山大·萨克斯讨论了核研究问题[213]。10月11日，萨克斯与罗斯福总统会面，说明了开展这方面工作的需要。10月19日，"铀咨询委员会"成立，由当时联邦标准局主任布里格斯、陆军军需署的亚当森上校和海军军需处的胡佛中校组成[213]。

尽管“铀咨询委员会”有政府和军方的人,但当时的主要运动领袖是核物理学术团体中的科学家,来自政府和军方的帮助并不多。组织架构与二战之前的科研形式相比,并没有什么变化,从 1939 年到 1940 年期间,大多数研究工作是由科学家们在各自的大学实验室中进行的[223]。

资源来源。主要的参与者是科学共同体的成员,政府和军方并没有真正参与到其中,更多是作为支持者存在。

一方面,由于哈佛大学康普顿等人的帮助,劳伦斯得到了布什的支持,布什任命劳伦斯为布里格斯的顾问,使得伯克利大学和明尼苏达大学的相关研究得到了一定的支持;但是,国家科学学会对铀研究计划的两次评估认为 1945 年之前不可能研究出原子弹,使得铀研究未能获得更多的政府支持;此时,私人基金会是科学家们进行铀研究的主要赞助者[223]。

另一方面,政府虽然成立了铀研究的官方机构,但支持却有限,“铀咨询委员会”第一次会议之后,由陆军和海军给予了 6 000 美元的拨款,用以购买实验用品;国防研究委员会没有提供定期拨款,经费主要还是来自陆军和海军,并由他们与各个大学和企业订立研究合约[213]。

2. 兴起时期的弱政治机会结构

在 1942 年以前,虽然英国、德国和苏联都在研究原子弹,但却没人能够确定这种炸弹是否能够研制成功,美国决定开始研制原子弹的时候,也无法确定它到底是作为决定性武器还是辅助性武器[223]。因此,政府对于原子弹的研制并没有给予足够的重视。

“铀咨询委员会”在 1939 年 10 月 21 日召开第一次会议,参会的除了委员会成员外,还有市民和科学家,开会形式很随便,主要是讨论目前的研究状况,以及讨论联邦政府在其中的合适角色是什么[213, 223]。第二次会议是在 1940 年 4 月 28 日召开,有人主张应该强有力地推进工作,却没有明确的答复或建议[223]。

随着德国入侵波兰以及法国在战场上的即将溃败,在卡内基基金主席万尼瓦尔·布什和其他科技管理者的游说下,罗斯福总统在 1940 年 6 月宣布成立国防研究委员会(The National Defense Research Committee,NDRC),“铀咨询委员会”改组为 NDRC 的一个小组委员会,负责向布什汇报。改组后的“铀咨询委员会”成员,去除了军方成员,核物理科学共同体的成员获准加入,如佩格勒姆[213]。此时,科学家们在国家原子弹研究的政策中能够发出一定的声音。

从1940年到1941年夏天，上述机构组成大致上没有发生什么变化。

3. 小科学社会结构的制约

"曼哈顿工程"兴起时期的组织特征以及资源来源表明，行动者的认知框架和行动逻辑仍然受到传统的小科学社会结构约束：

一方面，主要的研究活动还是发生在科学共同体之中，并未形成大规模的联合研究团队。同时，以某位有名望的科学家作为代表，通过游说来获得同情和支持，私人基金会扮演着"恩主"①的角色，成为实验研究的主要赞助者。

另一方面，由于战争主要发生在美国本土之外，并未对美国造成实质性的威胁，这使得政治机会结构的扩张程度有限。由于受到小科学社会结构的制约，权力精英对科学的认知与过去并没有根本的区别，在行动上奉行自由主义，不干预民间的科研活动，只提供有限的政策和资金帮助，科学共同体与政府、私人企业等之间的制度结构和关系结构也没有发生转变。

(二)"曼哈顿工程"的发展与大科学社会结构的初步形成

1. 发展时期的强政治机会结构

1941年7月14日，布什和科南特收到了英国铀爆炸军事应用委员会(MAUD)的报告，这个报告认为快中子反应能够实现，能在战争结束前制造适合于目前飞机装载的原子弹[223]。11月9日，这份报告得到了国家科学院的确认[223]。11月27日，布什把两份报告向罗斯福总统做了汇报，认为需要进一步推进和扩大研究计划[213]。12月7日，日本偷袭美国太平洋舰队基地珍珠港，美国开始参战。12月10日，德国和意大利向美国宣战。

MAUD报告和冲突升级导致了一个"最高决策团"(Top Policy Group)的成立，成员由总统、副总统、国防部长、参谋总长、布什和科南特组成，负责讨论核研究的一般政策[223]。这个团队由政府和军方的最高领导人以及科学家代表组成，他们构成了原子弹制造"运动"的新领袖，一个"强政治机会结构"已经形成。

2. 发展时期的强内生组织与战时资源动员

由于担心德国纳粹会先造出原子弹，美国改变原先的随意态度，决定进行全面战时动员，不考虑成本地使用任何可行的方法来制造炸弹[213]。美国通过

---

① 在18、19世纪时，科学家因为缺少研究经费而向资本家或慈善机构寻求经费和支持，这些资本家被称为"恩主"，这种形式又被称为"恩主制"。

组织架构的急剧转变来寻找实现全面战时资源动员的最佳方式。

OSRD 办公室和 S－1 小组。1941 年 6 月 28 日，“科学研究与发展办公室”(the Office of Scientific Research and Development，OSRD)成立，布什被任命为这个办公室的主任，直接向总统报告和负责；NDRC 改组为 OSRD 的顾问机构，“铀咨询委员会”成为了 OSRD 的铀研发部门，被称为“S－1 小组”(Section One of the Office of Scientific Research and Development)；随后，NDRC 的工作全面移交给“S－1 小组”，铀研究实际上是由 OSRD 全面负责了[213]。

S－1 执行委员会。1942 年 5 月，为了能够对整个研究计划进行全面讨论，布什决定结束 OSRD 的 S－1 小组，代之成立的是 S－1 执行委员会，该会由以下成员组成：科南特(主席)、布里格斯、康普顿、劳伦斯、默弗里和尤里；委员会的职责是对每种方法的计划和预算提出报告，对于计划有多少项目应该继续，哪些部分应该取消提出建议[213,223]。

曼哈顿工程区。1942 年 6 月 13 日，布什和科南特写给副总统华莱士、国防部长史汀生和马歇尔将军一份报告，提出扩大和继续发展原子弹方案的详细计划；6 月 17 日，布什又把报告送给总统，总统表示同意。这个报告促使了军方的加入；8 月 13 日，由工程兵团建造的“曼哈顿工程区”正式成立；9 月 17 日，国防部长任命准将格罗夫斯完全负责陆军中有关代用材料研制计划的一切事项，他的加入为“曼哈顿工程”获得了更高的优先权[213,224]。

军事政策委员会。在之前，替代金属研发实验室(Laboratory for the Development of Substitute Metals，DSM)隶属于军方领导，S－1 执行委员会隶属于 OSRD，因军方做出的决策未能与 S－1 执行委员会的决策协调起来，产生不少矛盾[223]；1942 年 9 月 3 日，在战时秘书长史汀生的帮助下，布什成立了军事政策委员会，其组成成员由布什(主席)、科南特(代理主席)、斯太厄将军、珀内尔海军少将组成；布什希望通过这个委员会，能够使得科学家们更好地参与决策，弥补原有组织架构上的缺陷；这个委员会成为布什和格罗夫斯将军的一个咨询机构，并成为代用材料研制计划中科学、工业和军事各部分之间的一个初期联络小组[213]。

曼哈顿工程区的全面接管。1943 年 5 月，出于进一步集中管理的需要，OSRD 的所有研发合约被转交到曼哈顿工程区，结束了 OSRD 同铀研究的正式联系。在曼哈顿工程区，各项科学和技术计划之间的协调合作，是由格罗夫斯将军与各项计划的领导人——特别是康普顿、劳伦斯、奥本海默和尤里——通过举行会议来完成[213]。

在这之后，组织架构形式和人员基本上就没有发生过重大的变化。

3. 大科学社会结构的初步形成

从“曼哈顿工程”在发展期的情况来看，其之所以能够在短时间内实现如此大规模的资源动员，原因在于这期间的组织特征和资源来源发生了重大的转变：

首先，外部战争压力的刺激导致了一个强政治机会机构的出现，即“最高决策团”成立，它保证了决策过程的保密性和命令的迅速下达，避免了常规化的政治程序。

其次，通过组织架构的不断转变，最初分散的工作被曼哈顿工程区全面接管，形成了“强内生组织”，美国的科学、政府、军队和工业的力量则在这个转变过程中被整合在一起。此时，原有的制度结构和关系结构已经被打破，而新的制度结构与关系结构则初步形成。

最后，更关键的是，从 1945 年之后的一系列政策报告来看——例如，1945 年 7 月，布什向杜鲁门总统提交了著名的科技报告《科学——无止境的边疆：提交总统的战后科学研究计划》。报告提出基础科学研究在国防中的重要性，建议设立“国家研究基金会”，旨在“促进和发展一项科学研究和科学教育的全国性政策”；同时，参议员基尔格也向国会提出《政府战时研究和开发报告》，同样要求政府大力发展科技事业；1945 年 9 月 6 日，杜鲁门总统向国会提交 21 点战后复兴计划中强调，美国经济和工业的力量、人民的物质生活幸福、充分就业和生产的实现、国家安全的未来，以及所坚持的各项原则，全部取决于全力和真诚地支持科学工作所能达到的程度[225]。政治机会结构并没有因为原子弹研制的成功而减弱，权力精英对科学技术的认知框架发生了根本性的转变，进而导致行动逻辑的转变。

这种与传统小科学社会结构不同的新制度结构、关系结构、认知框架与行动逻辑，意味着大科学社会结构已经初步形成。

（三）“曼哈顿工程”的演进与大科学社会结构的建制化

“二战”结束以后，“冷战”紧随而至。由于美苏集团的军备竞赛，受到“曼哈顿工程”成功经验的激励，美国展开了一系列规模更为宏大、历时更为长久的科学工程。这里以“阿波罗登月计划”为例。

苏联在 1957 年 10 月 4 日和 1961 年 4 月 12 日分别发射了世界上第一颗人

造卫星和第一艘载人飞船,这使得美苏之间的技术差距拉大[226]。为了重新夺回科技优势和政治威望,保持"世界霸主地位",美国提出了"阿波罗登月计划",随后,这个计划得到了国会全票的通过[226]。从1961年至1972年,美国的"阿波罗登月计划"历时约11年,耗资255亿美元。在工程高峰时期,参加工程的有2万家企业、200多所大学和80多个科研机构,总人数超过30万人[227]。

通过"阿波罗登月计划",美国建立和完善了庞大的航天工业和技术体系,有力地带动和促进了一系列高新技术的快速发展,并融入人们的日常生活和整个工业体系中[227]。这种情况并不是美国独有。时至今日,类似于"曼哈顿工程"和"阿波罗登月计划"这样的大科学工程,已经成为国家乃至国际间进行科学研究的一个重要手段,而探索如何有效地联合科研、军方、工业企业和政府四者的力量,成为当今国家推动科技事业进步和经济发展的主要方式[228]。

从"阿波罗登月计划"的领导者、参与者、资源以及整个组织模式来看,它是"曼哈顿工程"的演进,并促使了在"曼哈顿工程"发展时期所形成的大科学社会结构得以建制化,这表现在:

一方面,科学家已经彻底地从社会边缘走到了政治、经济与军事发展的中心,政府、科学研究和工业生产的资源和力量走向融合,形成新的知识生产方式、组织方式和使用方式等。

另一方面,技术的革新路径脱离了"自然资源依赖",知识本身被资本化,成为社会经济发展的支撑,并在流通过程中得到不断的重组和增值。新社会结构在社会精英所引导的行动中得到了生产和再生产,成为美国社会的常规认知框架与行动逻辑,新的制度结构和关系结构也进入到了日常决策议程中。至此,在建制化后的大科学社会结构下,美国科技制度走上了新的演进道路。

二、基于制度生成局限的演化初始条件

作为总结性的分析,我们用图5.1来表述"曼哈顿工程"的兴起、发展与演进过程。

第一,特定的历史条件与强政治机会结构。倘若没有MAUD报告、"珍珠港事件"的外部威胁以及美国的全面参战,即使原子弹最终能被制造出来,也可能不是以这种大规模战时动员的方式来实现,而更可能是延续最初的科研组织方式,把阵地牢牢建立在大学的实验室之中,美国的科技制度也难以在短短几年内发生如此巨大的变化。但正是这些特定的历史条件,为科学家表达诉求创造

了一个"强政治机会结构",使得科研阵地从大学层面转移到国家层面,实现了科学家与政治家、军事家以及工业企业家等国家权力精英的互动。而且,从"曼哈顿工程"的演进可以看到,"冷战"以及其中的大规模军备竞赛,成为"强政治机会结构"得以保持与扩张的又一个历史特定条件,使得源自"曼哈顿工程"的科研组织方式、制度结构和关系结构获得"常规化"与"建制化"。

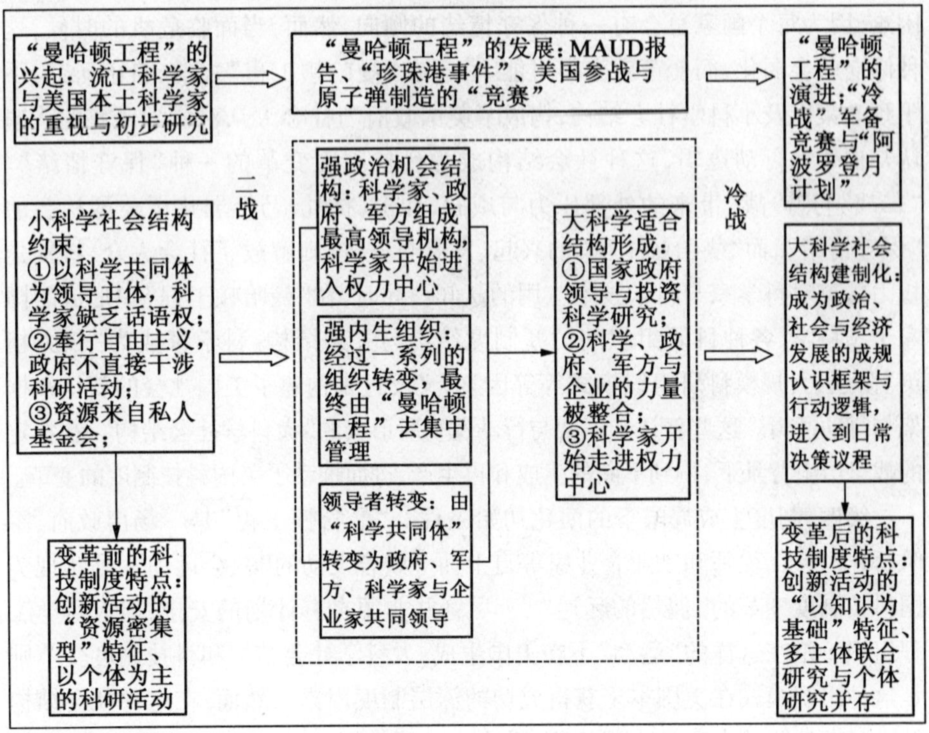

图 5.1　社会运动视角下的治理结构演化初始条件

Fig. 5.1　Initial conditions of evolution in the perspective of social movement

第二,权力精英领导与强内生组织。从图 5.1 可以看到,"曼哈顿工程"在最初兴起的时候,科学家及其所组成的科学共同体是领导主体。然而,这个主体所带来的资源非常有限,并且,这个主体完全采用了传统"小科学"式的组织模式,科学家分散在各个大学之中,独立研究。当领导主体转变为以政府、军方、科学家、工程师与工业企业界组成的联合体时,整个局面发生了根本性的扭转,一方面,有限的资源支持转变为"不计代价"的战时资源动员;另一方面,通过一系列的组织探索,美国最终构建了"曼哈顿工程区",将分散的、自由研究的

“小科学”式组织模式，转变为集中的、保密管理的“大科学”式组织模式，形成了一个强有力的内生组织。因此，如果说历史特定性与强政治机会结构是“曼哈顿工程”得以成功的外部保障，那么，权力精英领导与强内生组织则是其成功的内部保障。

第三，大科学社会结构与美国科技制度变革。新制度或新秩序的建立非常困难，因为每个国家总会有一种保守情绪的倾向，然而，当面临危机的时候，这种倾向就会弱化，而变革就变得可能[229]。在“曼哈顿工程”之前，自由研究、不干预政策以及小科学社会结构，构成了美国政府与社会大众对科学研究的普遍认知框架和行动逻辑，这种社会结构成为科技制度变革的一种“保守情绪”。“二战”与“冷战”带来的外部压力与威胁，冲击、扰乱，乃至弱化了美国社会的“保守情绪”，而“曼哈顿工程”的兴起、发展与演进，则解放了社会大众，特别是权力精英对科学家与科学技术应用的认知。此时，在“曼哈顿工程”中形成的国家干预科学、各种科研组织间的新制度结构与关系结构、科学家成为“权力精英”阶层、大规模科研组织模式等等因素，又反过来构建了美国社会的新认知框架与行动逻辑。这些新认知框架与行动逻辑所形成的“大科学社会结构”，在特定的战争历史背景下，得到不断的生成和再生产，进而推动了美国科技制度的变革。

第四，制度生成局限下的演化初始条件。“曼哈顿工程”是一场由政府、军队、科学家、工程师和工业企业家等自上而下联合发动的“社会运动”，是实现美国科技制度变革的“偶然的际遇”①。尽管并非源自有计划的安排，但大科学工程组织正是在这样的“运动”下在美国生成，大科学社会结构和科技制度变革则是这种组织模式在美国本土获得成功的深层制度因素。然而，在这种社会结构转变时期生成的大科学工程组织，存在一个重大的历史局限，即采用了缺乏治理结构边界保障的“一体化模式”。虽然在“曼哈顿工程”的演进过程中，大科学社会结构实现了建制化，形成了新的认知框架和行动逻辑，但源自“一体化模式”和治理结构边界缺失所导致的大学与大科学实验室治理结构冲突，在当时的历史环境下并没有形成重大影响，新的认知框架和行动逻辑并没有真正把小科学与大科学社会结构从微观组织层面上做出区分。大学与大科学实验室在这种模式下的关系模糊性，正是由此开始，治理结构边界缺失、关系模糊性与大科学社会结构共同构成了大科学工程组织的治理结构演化初始条件。

---

① 涂尔干认为，“偶然的际遇”能改变人们对某种事物的集体信仰[191]。

第二节　治理结构演化的路径指向

一、治理结构边界与桥接机制创建的经验事实披露

自大科学工程组织从第二次世界大战中诞生的很长一段时间内，美国的大科学实验室作为拥有大科学工程的研究机构实体，其管理权是完全归属于被依托的大学，并长期依附在大学的行政组织与制度边界内，形成典型的“一体化模式”。这样的模式曾被美国能源部广泛采用。因此，在这里的历史研究中，主要是围绕能源部属的大科学实验室展开[①]。对此，国内的不少文献都曾提及，自1996年开始，美国能源部强制实施了“管理权竞标制度”。然而，这个制度实施之后对“一体化模式”的影响，却并未在已有文献中获得过深入的讨论。但恰恰是那些未能获得深入讨论的经验事实，披露出“一体化模式”正在发生的转变。

一方面，自能源部实施“管理权竞标制度”之后，美国的大学与能源部属大科学实验室的关系逐渐“疏离”，后者因此而获得了实质性的独立地位。截至目前，能源部下的大科学实验室，除了少数几个仍然依托于大学管理——如加州大学的劳伦斯伯克利国家实验室（Lawrence Berkeley National Laboratory）和斯坦福大学的国家加速器实验室（SLAC National Accelerator Laboratory）——其他的要么不再受到某个大学的直接管理，要么其管理权被完全地移交出去。这导致了新管理模式的形成，即大科学实验室有了专属的合约管理公司。1998年，原本由大学联合会管理的布鲁克海文国家实验室，其合约方转变为布鲁克海文科学联盟有限责任公司（Brookhaven Science Associates, LLC）；2006年，加州大学结束了对洛斯阿拉莫斯国家实验室长达60年的直接管理后，实验室新的合约方是洛斯阿拉莫斯国家安全公司（Los Alamos National Security, LLC）；2007年，加州大学结束了它对另一个劳伦斯利弗摩国家实验室的管理合约，合约方转变

---

① 美国能源部是采用“一体化模式”的最鲜明代表。目前关于大学内大科学实验室的研究，均是指美国能源部下的大科学实验室，而且，美国其他部门，如国防部，大部分大科学实验室主要依托于私营公司。实际上，从GAO和NAS的相关文献中可以看到，其他部门依托于私营公司的大科学实验室，从更早的时候就已经开始发生了这里所说的演变。此外，关于大科学实验室依托或脱离大学的资料，主要来源于美国自然科学基金会网站：http://www.nsf.gov/statistics/ffrdclist/

为劳伦斯利弗摩国家安全有限责任公司(Lawrence Livermore National Security);同年,曾归属于芝加哥大学管理的阿贡国家实验室,其管理合约移交到了芝大阿贡有限责任公司(UChicago Argonne)。

另一方面,美国大学与大科学实验室关系的这种“疏离”并非终结,两者的关系通过新的合作模式而得到了“重建”,即通过在组织边界外共建机构进行联合的项目申请、研究和人员聘用。如桑迪亚国家实验室与新墨西哥大学联合建立的“先进材料实验室”(Advanced Materials Laboratory),洛斯阿拉莫斯国家实验室、劳伦斯利弗摩国家实验室联合加州大学系统下的4家分校共建了“地球与行星物理研究所”(Institute for Geophysics and Planetary Physics),美国太平洋西北国家实验室与华盛顿大学建立的“纳米科学与技术联合研究所”(Joint Institute for Nanoscience and Nanotechnology),以及橡树岭国家实验室与田纳西大学共建的“计算科学联合所”(Joint Institute for Computational Sciences),等等。

我们在第二章中介绍过“混合治理结构”,指出这是一种介乎市场和一体化的中间治理结构。在这种治理结构下,既有一定程度的集中控制,而各参与主体在法律上又是独立实体,这些实体在保留彼此独立所有权前提下进行投资时,投入的资产专用性程度既不足以达到采用一体化治理结构的程度,同时,这些资产还具有产生双边或多边依赖的关系专用性质,因而不适合采用市场治理结构。从交易成本理论的角度来说,第三章的分析已经证明了大学与大科学实验室分属于“小科学”与“大科学”这两种截然相反的治理结构,而第四章的分析则指出了“一体化模式”下大科学实验室的资源被大学吸纳和同化,并推测创建治理结构边界和桥接机制是消解治理结构冲突及其后果的理论方案。

在这里,“一体化模式”的转变现象表明,美国大学和大科学实验室的“疏离”,意味着美国已经开始为两者创建治理结构边界,不再处于关系模糊的状态。而美国大学和大科学实验室用以“重建”合作关系的新模式,即“共建联合研究机构”,正是一种实体化的“混合治理结构”,表明美国已经开始为大学和大科学实验室创建出“桥接机制”。“共建联合研究机构”这种混合治理结构得以被建立,正是以大学与大科学实验室关系“疏离”为前提的。换言之,在美国本土,当前的大学与大科学实验室在相互独立的基础上,正在逐步通过采用混合治理结构来桥接这两种治理结构迥然相异的组织,形成了大科学工程组织的新模式。

在这种新的大科学工程组织模式下,大科学实验室和大学既相互独立,能够保持各自的整体任务、工作文化与运作规则等不受影响，特别是，前者能够避免后者制度的资源吸纳机制作用；同时，彼此又能够选择各自需求的项目进行合作，共同投入关系专用性程度适中的人力、财力与物力资源，例如，共同建立专门的联合研究经费渠道，进而避免因经费来源不同而造成的使用标准和会计规则差异。虽然新模式为大学与大科学实验室的管理带来一系列的挑战，但这样的转变，却受到了当前美国学界与实务界的推崇[230]。

综上所述，大学与大科学实验室关系从"疏离"到"重建"，治理结构边界和桥接机制从缺失到创建，这些经验事实的披露，证实了第四章第四节的理论方案。然而，这也带来了后续的疑问，我们虽然分析了大科学工程组织的制度生成局限和演化初始条件，但这样的演化是在何时以及什么样的条件下发生的？为什么不发生在美国所有的大学与大科学实验室关系中？

对于这些问题，不可能直接观察到曾经发生过的具体情况，而只能通过合理发挥社会科学的想象力，在一定的理论视角辅助下，对可获得的历史资料和可观察的现象进行重新组织、分析和推理。需要说明的是，为了把整个演化历程呈现出来，我们不得不重复一些曾在本章第一节中出现过的一些历史事件。

二、治理结构边界与桥接机制从缺失到创建的历史演进

通过分析美国"二战"和"冷战"（以下简称"两战"）时期的相关资料与研究，以及分析美国能源部（DOE）、美国政府问责局（GAO）与隶属能源部的国家实验室网站上的公开报告等文献，可以发现，从 20 世纪 30 年代末至今，大科学工程组织经历了萌芽、初建、扩展、转型和变革 5 个阶段的历史演进，治理结构边界与桥接机制是在这个演进过程中被创建的。

第一，萌芽。二战时，许多优秀的欧洲科学家为了逃避德国纳粹的迫害而流亡到美国，并在美国大学任教职。在劳伦斯的领导下，流亡的科学家与本土科学家组成了研究核物理的科学共同体，而伯克利辐射实验室成为这个共同体的非正式集中地[223]。1939 年至 1940 年期间，大多数核物理研究工作由科学家们在各自的大学实验室中进行，这些大学分别是加州大学、芝加哥大学、普林斯顿大学、斯坦福大学、哥伦比亚大学、麻省理工学院，等等，军方也主要是与大学签订研究合约[223]。

1941 年 12 月 7 日，日本偷袭美国太平洋舰队基地珍珠港，美国开始参战。12 月 10 日，德国和意大利向美国宣战。紧接着，核武器竞赛进入白热化，为了

赶在德国之前制造出原子弹，自 1942 年底开始，美国决定集中全国的力量，进行全面战时动员，不考虑成本地使用任何可行的方式来制造原子弹，著名的“曼哈顿工程区”也是在这样的局面下得以成立，而全国一流的科学家均被号召到洛斯阿拉莫斯实验室[223]。此时，加州大学通过与政府签订合约，负责为洛斯阿拉莫斯实验室提供物资和人员[223]。同时，芝加哥大学的冶金实验室是“曼哈顿工程”最重要的一个分支，它前期为大规模生产钚以及把钚用于原子弹制订计划，而后期的主要工作是负责设计钚反应堆[213]。

第二，初建。二战结束后，美国面临着一个新问题，即由军方还是民间控制核力量的研发？在科学家们的努力下，美国最终通过 1946 年的“原子能法案”，把原子能研究的控制权从军方转交到原子能委员会[213,223,231]。随后，为了使“曼哈顿工程”中建立的大科学实验室继续发挥作用，原子能委员会组建了最初的美国国家实验室体系[231]。例如，芝加哥大学的冶金实验室被重建为“阿贡国家实验室”，作为中西部的大型多学科研究中心；大学联合会建立“布鲁克海文国家实验室”，作为东北部的研究中心；而在远西地区，通过扩建加州大学伯克利分校的辐射实验室，建立了如今的“劳伦斯伯克利国家实验室”。此时，“一体化模式”初步建立，但治理结构边界是缺失的。

第三，扩展。“冷战”紧随“二战”而至。在这场科技与军备竞赛中，美国全面开展了原子能开发、空间技术和电子计算机等规模更为宏大、历时更为长久的“大科学”研究[225]。其中，“阿波罗登月计划”就是最为著名的一项“大科学工程”，从 1961 年到 1972 年，这个计划历时约 11 年，耗资 255 亿美元。在工程高峰时期，参加工程的有 2 万家企业、200 多所大学和 80 多个科研机构，总人数超过 30 万人。在这期间，美国建立了一批新的大科学实验室。例如①，为了建立第一个国家控制防御系统，1951 年，美国在麻省理工学院辐射实验室的基础上建立了林肯实验室；1952 年，为了满足国家防御的需求，美国建立了劳伦斯利弗摩国家实验室以推动核武器科技的研究；1960 年前后，为了创造、识别和研究亚原子粒子，美国提出了“Project M”（即直线粒子加速器建造计划），建立了斯坦福直线加速器中心。而且，当时的美国，有不少大学想要模仿加州大学和芝

① 上述资料均来自各个实验室的官方网站中“about the lab”。至于后面提到的 FFRDC（Federal Funded Research and Development Centers），能源部、国防部等美国部门下属的国家实验室属于 FFRDC 的一种。

加哥大学那样为联邦政府管理大型科学研究设施，联邦支助研究与开发中心(FFRDC)的数目曾一度膨胀[232]。此时，治理结构边界缺失的“一体化模式”进一步扩展。

第四，转型。20 世纪 70 年代到 90 年代是美国科技政策的重要转型期，虽然“冷战”尚未结束，但在经济与社会压力之下[233,234]，一方面，美国结束了“不计代价”的科技投入，例如，20 世纪 80 年代末期的“超级超导对撞机项目”因耗资过大而被国会中止，始于“曼哈顿工程”的高能物理黄金时代亦由此结束；而 FFRDC 数目则大幅度地从 1969 年之前的 74 所降到此期间的 39 所；另一方面，美国开始从军用科技研究转到民用科技开发，以此振兴经济和实现可持续发展，这主要是通过一系列的立法措施实现的，如《大学和小企业专利程序法》《技术创新法》和《联邦技术转移法》，等等。

第五，变革。随着政策转型和冷战结束，“一体化模式”的问题变得日益严重。依托大学管理的国家实验室，其绩效常常遭到抱怨；一些大科学实验室的任务是核设备管理和核武器设计，这与大学的任务不一致，并且，在大学的管理下，这些实验室的研究因过于学术而无法满足客户的要求[233]。从 20 世纪 80 年代到 90 年代的 10 多年间，能源部因对合约方没有在成本控制或对结果的责任上有足够的约束，其合约管理实践受到多方指责，被指证为高度浪费、管理不当、滥用权力和数据造假，等等[235]。为了解决这些问题，从 1984 年开始，美国政府开始通过制定相应的法案来对这类联邦支持的研究中心进行规制，代表性的有“Competition of Contracting Act”和“The Federal Acquisition Regulation”[235]。而能源部则从 20 世纪 90 年代初开始谋求改革，并于 1996 年强制执行“合约管理权竞标制度”，即管理合约年限结束后，大科学实验室的管理权将被重新竞标，但竞标者并不限于大学，这结束了大学对大科学实验室近半个世纪的独家管理权[230,235]。自此，“一体化模式”开始转变。

一方面，曾经直接依托于大学的大科学实验室，如今大部分已经脱离了大学，并有了专属的管理公司，大学与大科学实验室的治理结构边界开始得到了创建。另一方面，则是我们前面所指出的基于“混合治理结构”的新合作模式开始出现，其显著表现是自 1996 年以来，大学与大科学实验室通过共建机构进行联合的项目申请、研究和人员聘用，而这些共建机构并不属于 FFRDC 体系[230]。这些共建机构的出现，表明大学与大科学实验室的治理结构桥接机制得到了创建。美国多家大学与大科学实验室的管理者们认为，这两种组织在日常的行政管理程序、人员聘用、研究模式、财务模式、激励结构和合约文书等方面存在结构性矛盾，阻碍了两者的进一步合作，而建立联合机构能够有效地解决这些问题[230,236]。

三、治理结构从一体化模式到混合模式的演化路径指向

基于第二章所构建的演化交易成本框架，我们在这一节里对大科学工程组织的治理结构演化历史做出解析。为了区别于“一体化模式”，本书把大学与大科学实验室在治理结构边界和桥接机制得到创建后所形成的新型大科学工程组织模式，称为“混合模式”，整个演化历程如图 5.2 所示。

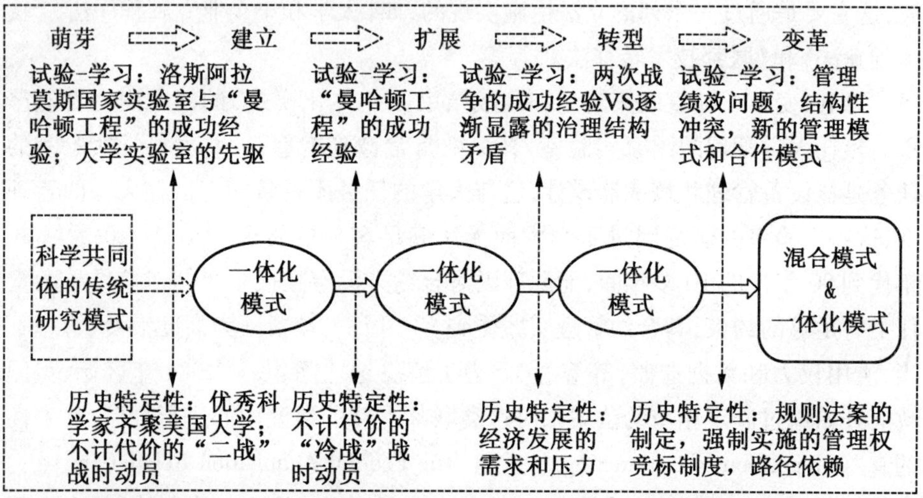

图 5.2 大科学工程组织从一体化模式到混合模式的演化历程

Fig. 5.2 Evolutional process of big science engineering organization model

(一)“一体化模式”的最初形成

历史特定性：在萌芽时期，当时最优秀的科学家几乎齐聚美国大学，并在大学内建立先驱性的实验室。在 1942 年之前，科学家们遵循着传统科学共同体的研究方式。然而，1942 年起，美国开始集中全国力量、不计代价地要赶在德国之前制造出原子弹，“洛斯阿拉莫斯国家实验室”在战时动员的情景下突现，而作为先驱性的大学及其科学家团队则成为这种组织的支撑主力。这正是我们在本章第一节中所分析的治理结构演化初始条件。

试验－学习:“曼哈顿工程”的成功使美国决定组建最初的国家实验室体系。由于大学及其实验室在“曼哈顿工程”中贡献显著,而加州大学与洛斯阿拉莫斯的合约关系,更是标志着“一体化模式”的最初形成。因此,对于“大科学实验室”这种突现的新型组织,把它建立在已有的大学实验室基础上并依托大学进行管理,是合乎历史情境的。

(二)“一体化模式”的扩展与维持

历史特定性:冷战使美国再次进入战时动员状态。在国际政治和战争冲突的压力下,以及在军备和科技竞赛“不计代价”的巨额激励下,“一体化模式”内在的治理结构矛盾被抑制,交易成本也只是“不计代价”的一部分。

试验－学习:相较治理结构的合理化,“曼哈顿工程”的成功经验对冷战而言显得更为重要,这使得美国以扩展“一体化模式”作为夺得竞赛胜利的手段。冷战阻止了“一体化模式”进入交易成本最小化的演进路径,并维持了它的存在。治理结构演化的初始条件依赖,局限了人们对“一体化模式”问题的认识。

(三)回归交易成本最小化演进路径的契机

历史特定性:在经济与社会发展的需求压力下,美国科技政策进入了转型期,不得不结束“不计代价”的军事与科技资源投入,尝试以立法的手段,建立和规范科技反哺经济与社会发展的制度环境。

试验－学习:两次战争的成功经验,使“一体化模式”得到维持。但在科技政策转型的战后环境下,“一体化模式”下的治理结构冲突不再被战时压力和激励抑制,交易成本问题和治理结构冲突后果也逐渐显现,表现在事后的监督与管理成本上,特别是表现在大科学实验室的资源、科研组织与目标趋同于大学上。这为人们重新认识大科学工程组织的治理结构模式提供了机会,也为“一体化模式”回归应属的演进路径创造了契机。

(四)路径依赖与混合模式的形成

历史特定性:“管理权竞标制度”尽管只是一种绩效管理手段,而非否定“一体化模式”,但它却产生了意外而合理的结果,即促使了“混合模式”的形成。而相关规制法案的制定,则为“混合模式”的生存提供了合法性依据。同时,由于“一体化模式”对初始演化条件的路径依赖,导致“管理权竞标制度”的制度改革是不彻底的。因此,可以看到“一体化模式”与“混合模式”在时下并存。

试验－学习:经历 20 多年的转型期后,美国已经认识到“一体化模式”的管理绩效和结构性矛盾问题,“试验－学习”开始以治理结构合理化为中心。管理权竞标制度并不禁止大学竞争大科学实验室的管理权,但是,“管理权竞标制度”却间接地创建了治理结构边界,使得大科学实验室获得了实质性的独立地位,而混合治理结构则成为美国大学与大科学实验室重建合作关系的“桥接机制”,这标志着“混合模式”的形成。

第三节 治理结构演化的讨论和启示

一、组织构建的社会结构与制度生成

可以看到,一些在国外取得成功的科研组织模式被引入中国之后,往往并未能取得预期的成绩,甚至被改造得面目全非。例如,中国的一些大学科技园有时候就被比喻为“物业管理公司”。一个可能的原因,就是被引入的模式在中国未能找到相应的社会结构支撑。因此,揭示“曼哈顿工程”通过推动社会结构转变和美国科技制度变革而生成大科学工程组织,能够为中国构建大科学工程组织,乃至实现更为宏大的政策愿景提供重要启示。

如今,中国提出通过实施“新举措”来构建大科学工程组织,虽然在规模上不及当年的“曼哈顿工程”,但这也不是依靠一个或少数几个大学能够完成的,而必须要联合相关的政府部门、工业企业以及科研院所的力量。而且,从“新举措”计划建造的“大科学工程”数目来看,这种规模的资源动员至少会在较大的范围内持续数年。因此,如果能够在这个过程中形成强内生组织,并有着合适的权力精英进行领导,“新举措”有可能会产生一种类似于“曼哈顿工程”的“社会运动”功能,推动中国的社会结构变迁和科技制度的变革。

为此,“曼哈顿工程”给予我们的一个对策启示是,突破来自小科学社会结构的制约,是实现美国科技制度变革的重要前提,两者共同构筑了大科学工程组织的相关制度生成因素。必须承认的是,中国同样有着一种“保守情绪”,导致这种“保守情绪”的社会结构,构成了当前中国社会,特别是权力精英的认知框架与行动逻辑。如果不突破这种社会结构,那么,“新举措”即使实现较大规模的资源动员,也会因为未能解放认知而导致失败。我们在下一章将进一步指出,如果不突破原有的社会结构,中国通过“新举措”构建的大科学工程组织就是缺乏效率的。

二、治理结构演化的历史特定性与制度路径依赖

相对于二战以前的小科学研究模式而言,大科学工程组织是一种新型的科研组织模式,即大科学研究模式。但生成这种模式的历史条件非常独特,是在美国全面参战和核武器竞赛白热化的情况下“突现”的,并在“冷战”的科技竞赛中得以维持。换言之,“一体化模式”作为战争时期形成的大科学工程组织模式,却是以不计代价的战时资源投入为基础,有着深刻的历史特定性根源。

缺乏治理结构边界保障的“一体化模式”构成了大科学工程组织的治理结构演化初始条件,成为治理结构演化的“路径依赖”,从而使得大科学工程组织的“一体化模式”未能在随后的历史演进过程中全面演化为“混合模式”。在这样的情况下,相对于“混合模式”,“一体化模式”成为一种“旧制度”,但在当今注重经济与社会发展的和平年代,如果要突破旧制度的约束,已经变得非常艰难。实际上,美国能源部在1996年做出的改革措施,也只不过是将大科学实验室的“依托对象”从“永久固定”转变为“定期竞标”。尽管“管理权竞标制度”改革为“混合模式”的出现创造了制度环境,结束了美国大学对大科学实验室的“长期独家占有权”,使得大科学实验室能够获得独立的机会。然而,这却并没有真正改变“依托”的实质。也就是说,美国虽然创建了治理结构边界与桥接机制,却仍然处于一种左右摇摆的状态中,并非彻底的组织变革与机制变革。

在交易成本最小化的驱动下,以及在“路径依赖”作用的制约下,美国的大科学工程组织,演化成当今“一体化模式”与“混合模式”并存的局面。历史特定性是理解“一体化模式”所不可忽视的因素,特别是在理解大科学工程组织的制度生成与局限方面。在演化初始条件和路径依赖的局限下,尽管美国政府已经认识到“一体化模式”存在效率问题,“一体化模式”却并未能全面彻底地演化成为“混合模式”。由此可见,微观组织治理结构演化与宏观制度变革存在着关联性:美国在特定的历史条件下生成了大科学工程组织,并以“一体化模式”及相应的宏观制度为演化初始条件;然而,当通过“学习－试验”发现“一体化模式”的治理结构冲突问题时,“一体化模式”及配套的宏观制度却成为治理结构沿着交易成本最小化路径演化的障碍。“路径依赖”作用使得美国未能全面建立“混合模式”,导致了治理结构演化前后的两种模式在美国时下并存。

我们认为,尽管“混合模式”已经出现,但由于“一体化模式”是大科学工程组织的演化初始条件,使得中国并未对“新举措”所借鉴的“一体化模式”的合

理性产生怀疑。然而,在当今的社会环境下,中国既不存在类似于二战或“冷战”这样的强大外部压力,也不可能在内部实行“不计代价”的资源动员,从而既不可能也没必要复制这种从一体化到混合的治理结构演化历程。中国完全可以在最初阶段就瞄向“混合模式”,然后以此作为构建相应宏观制度的微观组织基础。

三、“一体化模式”的历史意义与现代局限

本书虽然论证了不适合采用大学与大科学实验室的“一体化模式”来建立大科学工程组织,但从来没有否认过大学与大科学实验室建立合作关系的必要性。实际上,由这里的历史分析可见,大科学实验室不仅从诞生之初就与大学有着深刻的联系,甚至一些著名的大科学实验室,就是由大学内实验室发展而成的。不仅如此,今天的大学和大科学实验室,因各自的资源和研究方式特点而需要通过合作来实现更大的共赢。这是“一体化模式”的历史意义所在。

需要注意到的是,在二战之前虽然也有过大型的科研活动,但无论规模、科研设施和组织管理的精密性均无法媲美以“曼哈顿工程”为代表的大科学研究,而大科学工程组织的“一体化模式”正是在这种特定的历史环境和条件下生成和突现的。从目前的情况来看,并没有证据能够表明美国以及美国大学,其内部必然会产生大科学实验室这样一个庞然大物,反而本书论证了,如果没有“二战”和“冷战”,美国的大学和学术共同体将会沿用传统的小科学模式去研究原子弹。换言之,美国的大学不过是恰逢其会地成为大科学实验室的最初管理者,大科学工程组织的“一体化模式”亦因“历史特定性”而得以形成和维持。这是“一体化模式”的历史局限所在。

因此,我们虽然不否认大学与大科学实验室的内在关联性,但却不认为“一体化模式”在当下的社会环境中是有效率的。换言之,“论证‘一体化模式’因增加交易成本而缺乏运作效率”与“支持大学和大科学实验室建立合作关系”这两种观点并不矛盾。

至此,我们就已经从治理结构的角度,寻找到了构建大科学工程组织的一些普适性规律。接下来,就需要分析如何将这些规律应用到中国的制度情景中。可以肯定的是,中国同样存在“保守情绪”,“新举措”如果要走出困境,乃至实现重大原始创新和创建世界一流大学等的政策预期目标,除了将借鉴对象由“一体化模式”改为“混合模式”之外,还需要应对中国的“保守情绪”。那么,

中国的“保守情绪”源自怎样的“社会结构”？更进一步地，本章的分析表明，重大的机制变革往往需要时代背景的推动，但中国并没有美国当年那种特定历史条件，在相对和平且稳定有序的环境下，中国如何突破当前的社会结构局限？

本章小结

本章分析了大科学工程组织的治理结构演化初始条件，披露了美国在当前的管理实践中为大科学工程组织创建了治理结构边界和桥接机制的经验事实，指出了治理结构从“一体化模式”到“混合模式”的演化路径指向。最后，在讨论和启示中，强调了社会结构与制度生成在组织构建中的作用，彰显了历史特定性和路径依赖的影响，同时，对于“一体化模式”的历史意义与现代局限也做出了说明。

第六章　中国构建大科学工程组织的局限与治理策略

本研究一直尝试利用有限的资料,尽可能地进行一些普适性的研究。我们揭示了大科学工程组织的治理结构冲突原因和后果,然后,分析了大科学工程组织的治理结构演化。虽然有着一定的研究局限,但在这个分析过程中,我们从中获得一些具有普适性的规律,例如治理结构边界组织与桥接机制的重要意义、社会结构与制度生成对于组织构建的影响,以及演化路径依赖,等等,这些规律在中国的制度情景下是具有适用性的。

为此,本章的研究内容安排是:在第一节中,通过综合“单位体制”“锦标赛体制”与“项目制体制”的特点,阐明了中国的主导性制度逻辑,指出中国构建大科学工程组织的体制局限;在第二节中,通过分析“两弹一星工程”和“中国科学院模式”,指出中国构建大科学工程组织的历史局限;在第三节中,根据中国的体制局限与历史局限,分析将本书的理论研究转化为管理实践的对策建议。

第一节　体制局限

中国的制度情景往往就是指植根于社会、经济与文化等各个层面的中国行政体制。然而,不可能对这种“行政体制”做出事无巨细的描述,而“必须寻找到统合社会经济诸领域的结构要素和运行机制的要素与线索,从而发现社会总体运行的内在规则,寻找到某种起着关键作用的主导性制度逻辑”[237]。对此,中国的社会学者已经进行了大量的研究,虽然并没有形成一致的表述,但总体上可以将中国的主导性制度逻辑归结为“单位体制”“锦标赛体制”和“项目制体制”3种类型,而这些制度逻辑构成了中国构建大科学工程组织所必须面对的体制局限。

一、中国体制的主导性逻辑

(一)单位体制与资源流动局限

对于“单位”这种中国的特有现象,李路路等学者给出过这样一个综合性定义:“单位”是基于中国社会主义政治制度和计划经济体制所形成的一种特殊组织,是国家进行社会控制、资源分配和社会整合的组织化形式,承担着包括政治控制、专业分工和生活保障等多种功能;其典型形态是城市社会中的党和政府机构(行政单位)、国有管理及服务机构(事业单位)和国有企业单位[238]。“单位”曾是中国一切社会组织的基本形式,但又超出了组织的含义,成为中国政治、经济和社会体制的基础,构成了一种“单位体制”[239]。在单位体制下,所有的基层组织都表现为国家行政组织的延伸,自上而下的行政权力主导了整个社会的运转,而单位体制本身则定义和规范了人们的行为[240]。

单位体制有如下基本特征[237-240]:(1)生产要素主体之间存在非契约关系,单位领导人向行政上级负责,单位与职工的关系表现为控制与依附的特征,整个结构特征表现为“单位依附于国家,个人依附于单位”;(2)单位组织是政府控制整个社会的组织手段,任何单位都同时具有政治的、社会的以及自身专业分工的多种功能,单位中的党组织和行政机构不仅是生产过程中的管理机构,同时也在政治上和法律上代表着党和政府;(3)资源具有不可流动性,任何资源(包括物质资源和人力资本)一旦由国家配置,就在单位中沉淀下来,无论使用效率如何,单位都不会丧失所获资源的占有权;(4)在单位中,人际关系非常重要,强调平均主义和集体主义,尽量避免破坏单位的平稳运行与和谐团结;(5)干部的职务利益和权力紧密地与本单位的规模、等级联系在一起,一方面,单位行政级别越高,能占有的资源就越多;另一方面,占有的资源越多,单位就更容易扩大自己的话事权和提升行政级别。这使得单位产生出扩张的机制和激励。

有学者曾认为,自20世纪90年代中期以来,传统的单位体制因出现了可供选择的市场和社会因素,导致单位发生了变化,并用“新单位制”或“后单位制”来对这种变化做出描述[241]。然而,这种以“单位”为主导的基本格局在短期内并未发生彻底改变,因为,这类组织在法权上仍然属于国家或者集体所有,并处于正式的行政序列之中,必须接受“上级单位”的领导[238]。因此,就性质而言,如今的行政单位和大部分事业单位仍然属于“单位组织”。

（二）锦标赛体制与资源争夺局限

Lazear 和 Rosen 最早在企业管理的研究中提出“锦标赛理论”（Tournament Theory），指的是一种激励机制，其主要特征是比较“参赛人”在竞赛中的排名而非绝对成绩，并由排名决出最终胜负[242]。近年来，中国的研究者开始应用“锦标赛模式”对中国官员的晋升做出考察，一个基本观点是，从 20 世纪 80 年代开始，地方官员之间围绕 GDP 增长而进行了“晋升锦标赛”，这种激励机制是中国经济增长奇迹的一个重要根源[243]。

后续的研究通过案例研究、历史演变和经济数据统计等多种方式，对“晋升锦标赛”的观点做出了证实，并指出这种激励体系及其影响下的基本行为逻辑在 1979 年之前就已经存在[244,245]。当下，“晋升锦标赛”成为中国政府官员的一种压力性激励范式与不容选择的政治生态，其主要表现形式是行政发包并进行量化考核、绩效排名与择优提拔[246]。这样的比赛，虽然为中国的经济增长做出了贡献，却对政府官员产生了激励扭曲，导致了许多严重的后果。周飞舟指出，在高度集权和国家对社会资源全面控制的情况下，行政体制本身就会内生出这种“锦标赛”现象，这虽然不是体制的常态，但这种高度集权的体制会周期性地产生锦标赛的内在需求，只要条件成熟，它就会卷土重来[247]。

（三）项目制体制与资源流动和争夺局限的常规化

“项目制体制”是社会学者通过对分税制改革之后的中国行政体制进行考察后的发现。在分税制改革之后，中央获得了财政集权，掌握了大量财政资金，这些财政资金又被中央以各种“专项”或“项目”的方式进行再分配，用“项目”的方式引导、调动和激励下级各部门去完成中央设定的目标[248]。中央通过这种“项目”的方式对财政资金进行“转移支付”，原本目的是控制市场的过度扩张和分化效应，突破单位体制的束缚，从而增加公共服务的有效投入[249]。

然而，随着资金规模的扩大，这种“项目转移支付”所涉及的领域囊括了经济、教育、科研和文化等众多领域，全国各级部门和事业单位都在申请各种项目，各种围绕项目申请、监督、审批和实施的制度和运作方式迅速发展起来，中央各部委成为一个项目颁发和管理部门，上级部门变成下级部门的项目发包人，下级部门成为项目的竞争者，各类专家学者成为项目的评估和考核人员[249]。在 21 世纪初，基于“项目”的治理如果说还只是政府行为的一个方面，那么，近年来，它已经不单指某种项目的运作过程了，而是成为各地政府行为的主要模式，能够将国家从中央到地方的各层级关系以及社会各领域统合起来，决定着国家、社会集团乃至具体的个人如何构建决策和行动，一个基于技术治理逻辑的“项目制体制”由此形成[237,249]。

在“项目制体制”下，政治锦标赛的性质得到了保留，政府官员如果在各方面指标上未能达标，就有可能导致职位不保[250]。“软预算约束”在项目体制下获得了延续，因为，当项目被批准后，为了避免项目下马所造成的影响，除非出现重大变故，否则拨款就会不断追加[237]。不仅如此，“项目体制”在实际运作中与单位制相互嵌套，在各部委都握有项目审批权和管理权的“新条条”下，促成了“新块块”的“部门割据”，形成了“条条”上更大的部门集权[237]。上级各主管部门所颁布的各种《项目指南》成为当下的“竞赛标准”，下级各部门单位为争取项目展开竞争，财政集权使得各主管部门完全掌握了竞赛的规则[237]。

二、治理结构冲突的锁定和强化

由以上可见，虽然学者因分析角度的不同而对中国的主导性制度逻辑给出3种不同的描述，但从这些描述可以看到，“单位体制”“锦标赛体制”和“项目制体制”在实际运作过程中完全是交织在一起的。特别是，在“项目制体制”下，曾经被认为是周期性产生的“锦标赛”内在需求俨然变得常规化了，而“单位”的集权与扩张则在“项目”的这种技术治理逻辑下获得了科学与合理的“正当性”。

作为事业单位的中国公立大学，并不具备超然于中国行政体制藩篱之外的地位。也就是说，中国公立大学同样拥有这3类主导性制度逻辑的所有特征，例如“单位扩张”与“升格行政级别”的激励与欲望、资源的不流动性、申请各类项目和赢得“锦标赛”下更高的排名来获得更多的声望和资源，等等[251-253]。以这种主导性制度逻辑为特征的中国制度情景，导致一种中国本土化的小科学社会结构的形成。在中国本土化的小科学社会结构下，“新举措”当前的实施方式，正好符合了单位通过“项目”实现扩张目的和单位领导通过这种“扩张”来获取锦标赛晋升资本的政治诉求。而“混合模式”所体现的“组织相互独立”和“混合治理结构”，却因为未能满足这种“扩张目的”和“政治诉求”而难以推行。在这样的体制局限下，中国采用“一体化模式”更有可能出现的后果将是：

第一，治理结构冲突的锁定。一旦大科学实验室“落户”到某个大学，由于“软预算约束”，在随后的运行过程中，除非出现重大事故，否则，效率问题已经不再威胁某个大学对大科学实验室使用权的长期“占有”。而大科学实验室需要通过“开放共享”和“人员流动”等方式来实现资源的优化利用。但是，在单位体制的“条块分割”“锦标赛”排名以及“行政级别升格”的竞争下，大学对资源的独占性和大学与其他单位间资源的不可流动性是常态。毕竟，在当前的行政体制下，垄断某种资源的规模越大，大学就越能够获得在这种体制下的竞争胜利，大学的领导获得的晋升资本也越大。换言之，美国的“管理权竞标制度”在中国不可行，“一体化模式”将使得大科学工程组织的治理结构冲突及其后果被“锁定”。

第二，治理结构冲突的强化。当构建“一体化模式”的大科学工程组织，在大学的资源吸纳机制作用下，由于缺乏治理结构边界的保障，大科学实验室的资源就会不断地趋同于大学。然而，在中国的体制局限下，按照当前“新举措”的实施方式，大科学实验室的管理权不可能移交，治理结构冲突以及大科学实验室与大学的资源趋同化后果，就是单位体制的集体主义和平均主义得到不断强化。实际上，从我们的调研结果来看（可参考第一章的“问题提出”部分），这种情形在先行实施了“新举措”的中国大学中已经发生。在当前的和平环境下，如果“新举措”全面铺开，像美国那种沿着交易成本最小化路径由“一体化模式”向“混合模式”的治理结构演化情形，很难在中国出现。

总言之，在中国的体制局限下，借鉴“一体化模式”的结果，可能并不是预期中的使得某个大学晋升世界一流或产生重大原始创新，而是治理结构冲突被这种体制锁定与强化，大科学实验室成为某个大学独占的、有利于在“锦标赛”中获得更高名次的“项目”，难以真正成为被国内科研人员所共享的国家大科学中心——这样的结果在当初依托大学所建立和管理的“科技园”“国家工程实验室”或“国家重点实验室”早已循环上演过。

因此，如果不希望看见“新举措”成为当今科技政策的“赶超战略”，不希望国家和社会的公共资源遭到巨大的浪费，那么，“新举措”既需要改变现有的实施方式，也必须能够突破现有的体制局限。

第二节　历史局限

中国曾经有过可以媲美于美国“曼哈顿工程”的“两弹一星工程”，然而，因两国的历史特定性差异，“两弹一星工程”后续的发展走上了完全不同的演化道路，导致中国未能自发地生成大科学工程组织。而依托中国科学院建立和管理大科学工程的组织模式,并非在"两弹一星工程"中生成的大科学工程组织模式,而是有着自身的历史特定性和路径依赖。这两方面的情况构成了中国构建大科学工程组织的历史局限。

一、治理结构演化路径的中断

"两弹一星工程"起始于1956年。与"曼哈顿工程"相比,中国在当时做出实施"两弹一星工程"的决策时,其面临的国际形势和社会环境可能要比美国更加恶劣。西方国家不仅对中国采取了持续的经济封锁和军事包围,而且,美国、英国和苏联都曾经计划要对中国采取核打击[254]。因此,尽管当时因"赶超战略"驱动,中国已经初步形成了"条块分割"的单位体制,但在这样的外部威胁与战争压力之下,当时的中国也采用了"不计代价"的方式来完成"两弹一星工程"。而这样重大的外部扰乱,不仅创造了强政治机会结构,更足以使得中国突破当时的社会结构,实现重大的体制与机制变革。

以原子弹的制造为例。自苏联变卦之后,集中所有力量,调动各地区和各部门的人财物来支持原子能事业,已经成为当时中央领导人的共识[254]。然而,在"条块分割"的单位体制结构下,解决体系或部门内部的问题或利益冲突不难,但解决体系之间或部门之间的问题或利益冲突却非常困难。例如,当时围绕着常规武器与战略武器之争,就出现过权力分配的不同变化[255]。为了打破体制的束缚和权力派系的利益纷争,消除现存权力分配的不平衡,就如同美国实施"曼哈顿工程"一样,中国针对原子弹研制而成立的组织机构也经历了一系列的变化,这体现在高层次领导协调机构上:从最初的"三人领导小组"(陈云、聂荣臻和薄一波)转变为拥有实权的职能部门"15人中央专委"(周恩来、贺龙、李富春、李先念、聂荣臻、薄一波、陆定一、罗瑞卿、张爱萍、赵尔陆、王鹤寿、刘杰、孙志远、段君毅和高扬),从而垄断了核武器领域的最高决策权[254]。自此之后,全国各地区、各部门都围绕原子弹的制造树立了"全国一盘棋"的思想,处处开"绿灯"[254]。

同时,由于"两弹一星工程"在政治意义上的无比重要性,其各方面都被给予了特殊优待,并形成了一个相对脱离现实政治的封闭体[254]。在这个与世隔绝的"封闭体"中,等级和部门主义被减到最低程度,当时研究院内部过分分割和相互保密的倾向在这里受到限制,研究人员在这里能够自由说话和自由争论,各种跨学科和跨部门的科学讨论热烈展开,官僚主义和反知识分子的保守主义在这里被克服[254,255]。

由以上可见,“两弹一星工程”的决策机构转变和政治上的特殊性,与美国的“曼哈顿工程”是非常相似的,都突破了当时的社会结构局限,实现了一定程度的认知解放。而且,“两弹一星工程”的攻关,同样带动了国民经济建设中大批新型原材料、仪器仪表和大型设备的发展,促使了许多新的生产部门和新型学科的建立,为此,聂荣臻曾建议把“两弹一星工程”的这种模式建制化[256]。然而,在随后的演化过程中,由于种种原因,有关“两弹一星工程”组织模式的建制化工作被迫停顿[256]。

在中国近现代科技政策史上,自1956年起的10年间被誉为我国科学技术发展的“黄金时代”[257]。在当时所面临的国际威胁下,倘若“两弹一星工程”中所生成的新社会结构能实现建制化,我国的科技体制很有可能就突破“单位体制”,形成真正的中国大科学工程组织模式。可惜的是,中国的“两弹一星工程”虽然有着与美国“曼哈顿工程”类似的大规模的资源动员、权力精英领导、强政治机会结构与强内生组织,却因历史特定性的差异,其中被解放的认知框架与行动逻辑未能得到进一步的巩固,新社会结构的建制化道路被中止,回归到原有的单位社会结构状态。因此,“两弹一星工程”最终未能实现类似于“曼哈顿工程”那样的“社会运动”功能,未能创造出大科学工程组织的治理结构演化初始条件,中国大科学工程组织的演化路径由此中断。

二、历史特定性与路径依赖

中国科学院(以下简称为“中科院”)成立在新中国之后的一个月。在当时的环境下,全国绝大部分的科研工作都集中在中科院,许多大学很少甚至没有开展科研工作,而其他部门或地方的科研机构寥寥无几[258]。从周恩来签署过的一份“中央人民政府政务院关于科学研究工作的指示”或许可以看出中科院在当时的地位,指示内容如下[259]:

“各部门所举行的各种专业会议,凡与科学研究有关者,应邀请科学院派专人参加,各部门所领导的科学研究机构,在制订研究计划时,应与科学院取得联系,并定期将研究情况报告副本送至科学院,以便科学院对全国科学研究事业获有全面了解。”

由此可见,中国科学院已经成为实际上的全国科学中心,中央更是通过行政手段“用极大的力量来加强……使它成为领导全国提高科学水平、培养新生力量的火车头”[257]。因此，在“两弹一星工程”实施的过程中，中科院作为研究工作的主要承担单位，不仅拥有录用留学生的“优先权”，并能够从其他各个部门抽调专门人才来开展工作[254]。于是，中科院成为科技人才的汇聚中心，同时，也积累下大量实施大科学工程的经验和资本，这是国内任何一间大学所不具备的条件。

1976 年后，拥有体制和资源优势的中科院，率先提出了建设中国大科学工程的需求，并于 20 世纪 70 年代开始筹备建立“北京正负电子对撞机国家实验室”。自此，中科院包揽了大部分大科学实验室的建设和管理。从相关文献来看，当时中科院的一个长远计划是：“中国科学院将由国家实验室（研究所）、国家科学工程中心、资源环境方面的研究发展中心、联合开发实验室和高技术企业集团的研究开发多层次机构组成，形成国家自然科学综合研究中心。中国科学院的研究机构都要真正开放、流动、面向全国[260]。”倘若这个计划不是流于口号，那么，中科院模式完全可以成为类似于德国“亥姆霍兹联合会”那样的“GO-GO”模式，“新举措”就完全没有实施的必要性了。

然而，中科院模式并非生成于“两弹一星工程”时期所突破的那种社会结构，而是以中国行政体制为初始条件，并以此形成路径依赖，这成为中国构建大科学工程组织的又一个历史局限。虽然从 2009 年起，中科院与国家自然科学基金会创办了“大科学装置联合基金”，但从第一期的情况来看，有一半的申请者来自中科院及其下属大学。我们参与“教育部属高等学校重大科技基础设施规划建设与运行管理研究”报告编制的时候曾提出疑问：“为什么大学要建设自己的大科学工程？中科院不是有现成的吗？”得到的回答是“中科院外的单位申请实验机时是很困难的，主要是给院内部门使用”。正如前面所指出的，在中国体制局限下，中国的大学或研究院普遍属于公共事业单位，倘若实现真正的资源共享，单位因占有独特资源而具备的优势和权力砝码就会失去。

实际上，中科院作为中国最高的学术机构，其当前的规模和单位构成早已经远远超过最初的计划，俨然成为集科研院所、学部、教育机构、企业经营于一体的“大一统组织”。从中科院的官方网站上可以看到，全院共拥有 12 个分院、100 多家科研院所、3 所大学（中国科学院大学、中国科学技术大学，以及与上海市共建的上海科技大学）、130 多个国家级重点实验室和工程中心、210 多个野外观测台站，承担 20 余项国家重大科技基础设施的建设与运行，直接投资或控股的企业达 32 家。中科院的大科学工程组织不过是这个“大一统组织”下的一个组成部分。值得注意的是，“中科院”并非特例，“大而全、小而全”的“大一统”式组织形式在中国处处可见，这是中国当前制度逻辑与社会结构所引致的后果。

威廉姆森等交易成本理论学者指出，一个“大一统”的巨型企业是没有效率的。而且，当一个组织拥有能够自给自足的一切资源时，与外部组织建立合作关系更有可能是出于别的原因——如某种政治诉求，而这样的合作关系也很难形成深层的互动机制和制度。“大一统”式组织的普遍存在，表明中国尚未真正走上现代大科学之路。“两弹一星工程”的历史局限分析表明中国大科学工程组织的演化路径中断，中科院模式的历史局限分析表明中国改革现有大科学工程组织模式的必要性。在中国的体制局限与历史局限下，构建有效率的大科学工程组织，避免治理结构冲突的锁定与强化，是对策分析所要解决的关键问题。

第三节　治理策略

首先，由前两节的分析可见，中国通过借鉴“一体化模式”来构建大科学工程组织，尝试以此作为建设世界一流大学和推动科技制度变革的“新举措”。然而，在中国的体制局限与历史局限下所构建的大科学工程组织，最终将演变为以一个个分立的中国大学为中心，形成类似于中科院这样的“大一统组织”。因此，必须要突破这样的体制局限与历史局限。而根据我们此前的研究成果，相较于缺乏效率的“一体化模式”，我们认为，应当创建治理结构边界和桥接机制，构建新的大科学工程组织模式，即“混合模式”。从当前经济发展新常态所带来的社会与政策环境来看，“新举措”的实施与“混合模式”的构建具备了新的历史特定性。

再者，虽然我们论证了采用“混合模式”能够消解治理结构冲突及其后果，且比“一体化模式”更有利于节约交易成本，但并不建议完全借鉴美国于1996年推行的改革措施来改良“新举措”目前的实施方式。因为，一方面，“混合模式”是美国实施“合约管理权竞标制度”所带来的意外却合理的结果，而“合约管理权竞标制度”建立在“一体化模式”的演化初始条件与路径依赖的基础上。另一方面，在中国体制局限下，治理结构冲突的“锁定与强化”，使得类似于“合约管理权竞标制度”这样的绩效管理手段在中国行不通。如果“新举措”要借助新的历史特定性，突破中国的体制局限与历史局限，那么，还需要分析将本书的理论研究转化为管理实践的治理策略。

一、基于新历史特定性推进治理结构演化

自20世纪80年代以来，中国虽然实施了一系列的科技计划，提出要通过“科技经济一体化”和“产学研合作”等政策，将中国的科技资源转变为经济增长的重要基础，实现经济增长方式的转变。然而，在当前的社会结构与制度逻辑约束下，尽管中国已经成为一个科技资源大国——例如，截至“十一五”规划，中国的R&D投入排世界第3位；科技人力资源排世界第1位；专利申请数量排世界第4位；SCI、EI、ISTP的论文发表量分别排在第2位、第1位和第2位[261]——但是，中国仍然以自然资源密集型和资本密集型特征的经济增长模式为主，表现出“高速度、低质量、过度的工业化和重工业化”的特征，付出了巨大的环境、能源和资源成本[262,263]。

由以上可见，中国当前的经济增长模式与二战之前的美国是非常相似的。美国曾经在特定的历史条件下实现了经济增长模式的转型。相较而言，自“两弹一星工程”之后，中国从最初的“单位制”发展至如今的多种制度逻辑并存，这样的社会结构使得中国庞大的科技资源成为“僵化”的科技资产，而未大量转化为能够创造财富和提高劳动生产力的知识资本[264]。在当前这种稳定有序的和平环境下，已经鲜有能对“保守情绪”造成重大扰乱的外部事件。然而，自中国经济与社会发展进入新常态之后，新的历史特定性已经出现。目前，“新常态”已经迅速成为中国学术界与实务界的“热词”，得到了广泛的讨论与研究。

我们无意对这一概念做出更多的介绍，这并非本书的研究主题。但值得强调的是，学界与实务界对“新常态”的一个最主要特征达成了共识，即当前中国的人口红利逐渐消失，原有的经济增长模式不可持续，经济增速减缓，需要从要素驱动转变为科技创新驱动，使得经济增长更多地依靠人力资本质量和科技进步[265]。在我们看来，就是要盘活中国庞大的科技资源，将“僵化”的科技资产转化为知识资本，将经济增长模式从“资本与资源依赖”转变为“以知识为基础”，使其成为“新常态”下的经济增长源泉。

可以说，“新常态”概念的提出，表明了中国经济发展进入了重要战略机遇期，表明了中国的体制改革进入了“深水区”，更表明了中国政府对原有经济增长模式内在危机的清醒认识和改革决心。这种源自中国内部的“扰乱”，为“新举措”的愿景和诉求表达提供了一个扩张的政治机会结构，把握这一新的历史

特定性，将有助于中国推进现有大科学工程组织的治理结构演化。从这个角度来说，“新举措”的实施恰逢其时。

二、基于独立行政法人创建治理结构边界

虽然无法直接借鉴美国的“管理权竞标制度”，但大科学工程组织的治理结构演化分析所彰显的价值是，只有创建治理结构边界，基于“桥接机制”的“混合模式”才能形成。而创建治理结构边界，就不可能再将大科学实验室依托于大学的组织框架内管理和运行，大科学实验室必须获得实质性独立地位。否则，在“一体化模式”下，根本不可能创建出实质性的“边界”。因此，大科学实验室的法人化是大科学工程组织治理结构演化路径的最终指向，即通过大科学实验室设立为某种“法人”来作为创建治理结构边界的保障机制，进而确保其独立地位的实质性和合法性。

从中国目前的情况来看，有“事业单位法人”“机关法人”“社会团体法人”和“企业法人”4 类。由于大科学实验室属于非营利性的国家级科研机构，则仅有“事业单位法人”符合其定位。然而，将大科学实验室设立为“事业单位法人”，更有可能的结果是使其走上类似于其他科研院所或大学那样的“大一统”之路。通过参考亚洲国家或地区的情况，如日本和中国台湾，我们建议增加法人种类，将大科学实验室设立为“独立行政法人”。这样的话，大科学实验室作为公法人，在获得国家财政支持的同时，又保证了人事和财务自主性，以及保障了治理结构的独立性，使之能构建与其组织资产和人力资本特点匹配的治理安排，提升自身的运行绩效。

具备了“独立行政法人”资格的大科学实验室，能更好地根据自身的研究定位与需求，自发搜寻最适合的大学，采用多种形式的“混合治理结构”来建立相应的大科学工程组织混合模式，拓展彼此的研究能力和共享彼此的人力与物力资源等。甚至，可以预期的是，当大科学实验室能够独立自主地寻找合作伙伴时，大科学工程组织的建构就不再局限于“预先依托的某所大学”了，而可以是多所大学、企业和其他研究机构。同时，大科学实验室可以从自身需求出发，通过与不同的对象共同投入不同程度的专用资产或专用人力资本，构建多样化的大科学工程组织混合模式，能灵活地实现更大范围的资源共享。毕竟，美国的“混合模式”所采用的“联合机构”，只是众多混合治理结构形式的其中 1 种，而第二章图 2.5 已经为我们展现出 A 与 B 的混合治理结构区间中无限的组织与

制度创新可能性。更重要的是，当大科学实验室与某个大学、企业或研究所的关系因特定原因——例如共同研究项目终结——而无法维持时，就可以通过“关闭”共建的混合治理结构来实现关系的终结，规避“锁定”的后果，这有助于解决中国项目“能上不能下”的问题。

实现上述收益的前提，就是要创建大学与大科学实验室的治理结构边界。如此一来，就需要改变“新举措”目前的实施方式，将“依托大学管理大科学实验室”重新表述为“确立大科学实验室的独立行政法人地位，由大科学实验室根据研究需要，自主搜寻合作伙伴，灵活采用合理的混合治理结构建立相应的大科学工程组织混合模式”。为了做出区分，我们将重新表述后的“新举措”称为“新举措（改）”。

三、基于增量改革创建治理结构桥接机制

既成的事实是，中国先行实施“新举措”的大学已经采用“一体化模式”，并且，中科院模式早已扎根于目前的社会结构中。因此，由于其中涉及对原有科技制度的创新，甚至进行重大改革，如果直接对先行的大学和业已形成的中科院模式强制实施“新举措（改）”，则很有可能会因为受到既得利益团体的抵抗，而导致政策失败。对此，我们认为可以借鉴中国经济体制的渐进式改革经验。自改革开放之后，为了保持整体社会结构的稳定，中国经济体制改革的主要方式是，将围绕单位制所形成的总体体制作为制度存量，而通过诸如“承包责任制”之类的增量机制来松动原有的计划体制，逐步减小单位制的作用范围，最终实现市场体制的确立[237]。

将中国经济体制的改革经验应用到这里，即是：一方面，把围绕着当前主导性制度逻辑的中国科技制度，以及把在这个制度基础上先行采用了“一体化模式”的大学和中科院模式，统统看作是制度存量。另一方面，将获得独立行政法人地位的大科学实验室、由大科学实验室与其他机构所建立的各类混合治理结构，以及围绕大科学实验室和各类混合治理结构所形成的法律、经费、聘用、薪酬、考核、晋升等一系列新制度和新机制，看作是制度增量。其中，治理结构边界与桥接机制的创建，是制度增量改革的核心。在一定的时期内和一定的程度上，可以先保持制度存量的不变，但需要对其增长规模做出控制。同时，培育制度增量，由中国政府为制度增量的存在提供合法性支持，并为制度增量的发展提供宽松的制度环境。

正如渠敬东所指出,增量与存量之间是一种辩证关系[237]:保持制度存量,可以避免制度增量因发展速度过快而偏离原有的制度逻辑,产生系统性的风险。而通过制度增量的积聚逐步形成结构性的变迁动力,又能够循序渐进地推动存量制度的变革,避免因制度突变而引起国内“保守情绪”的剧烈抵抗,乃至社会动荡。

四、基于社会工程推动社会结构转变和制度生成

虽然尚未有统一的定义,但从现有文献的论述来看,“社会工程”主要是指围绕着特定的政策目标,通过研究社会事实或社会现象的生成规律性,以具体的社会历史条件为基础,以一种或多种社会科学理论为依据,综合运用各种科学知识与社会技术,建构新社会结构模式,理性地规划与管理社会结构变迁的实践活动过程[266,267]。据此,我们建议将“新举措(改)”转化为一项正式的“社会工程项目”来实施,因为:

一方面,“新举措(改)”的目标是清晰明确的,即以创建治理结构边界和桥接机制的方式,构建新型的大科学工程组织模式,进而推动中国社会结构从小科学向大科学变迁。本研究通过整合多种社会科学理论,对大科学工程组织的治理结构冲突和演化展开了深入研究,为“新举措(改)”转变为“社会工程项目”提供了理论依据,并立足于中国制度情景和借鉴中国经济体制改革经验,提出了“基于独立行政法人创建治理结构边界”和“基于增量改革创建治理结构桥接机制”等具体技术手段。

另一方面,在分析大科学工程组织的治理结构演化初始条件时,我们得到的启示是,当前中国经济发展“新常态”已经为“新举措(改)”的诉求表达创造了扩张的政治机会结构,形成了新的历史特定性。在这个基础上,如果把“新举措(改)”立项为正式的“社会工程项目”,将有利于进一步引入中国权力精英领导,并由其组建强内生组织——例如由中央相关部委联合组成“大科学制度改革专门委员会”——通过持续的、大规模的资源动员,自上而下地解放认知,突破现有的制度与结构壁垒,进而建立中国的大科学社会结构。

总言之,通过“社会工程”的方式,可以把我们的理论发现和相应的技术手段用于构建实施中国“新举措(改)”的政策包,在理性的规划、设计与管理下,自觉地控制与改造社会结构,推动中国向大科学社会结构转变,生成大科学工程组织“混合模式”的制度支撑。虽然这样的变革并非短时间内能够完成,毕竟

内部的潜在经济危机并不像外部战争威胁那样，能在短期内对原有社会结构造成重大扰乱。但乐观地看，以合理的大科学工程组织模式作为微观基础，同时，把握住当代的历史特定性，有针对性地突破体制与历史局限，那么，在中国共产党和中国政府的领导下，必然可以解决当前困境，真正构建起中国的大科学工程组织。

本章小结

本章首先指出以单位制体制、锦标赛体制和项目制体制为主导性逻辑的中国体制，是中国构建大科学工程组织的体制局限；其次，通过分析中国的“两弹一星工程”和“中国科学院模式”的形成与发展，揭示了中国构建大科学工程组织的历史局限；最后，基于本书对大科学工程组织的治理结构冲突与演化研究结果，结合本章的中国体制局限与历史局限分析，提出了中国构建大科学工程组织的 4 个治理策略。

结　　论

本书以新制度主义经济学中威廉姆森流派的交易成本理论为核心，通过整合多种经济学与社会学理论构建分析框架，综合运用理想类型分析法、博弈分析、面板数据模型分析与历史分析等制度研究方法，对大科学工程组织的治理结构冲突与演化做出了深入研究。至此，本书的主要研究结论和创新点总结如下：

(1)在交易成本理论与科层制理论的整合理论框架下，透视大科学工程组织的内部治理结构，辅以博弈分析的佐证性检验，论证了大科学工程组织的治理结构冲突原因，在于“一体化模式”下大学与大科学实验室的治理结构边界缺失。基于交易成本理论与科层制理论所构建的分析框架，通过资产专用性、责权利机制和组织内部成员关系分析，透视了大科学工程组织的内部治理结构，指出大学是一种关系专用资产投入程度低，被责任自发机制、分散化权力机制和强激励利益机制界定治理结构边界，内部成员分散自治的小科学治理结构；大科学实验室则是一种关系专用资产投入程度高，被责任配置机制、集中式权力机制和弱激励利益机制界定治理结构边界，内部成员相互依赖的大科学治理结构。通过对大学与大科学实验室进行了治理结构边界划分，论证了“一体化模式”下大学与大科学实验室的治理结构边界缺失，是导致大科学工程组织的治理结构冲突的原因，解释了“新举措”的第一个现实困境。这个发现是本研究的第一个创新点。

(2)在交易成本理论与资源基础观的整合分析框架下，揭示出大学治理结构的资源吸纳机制，从实证上论证了“一体化模式”下的治理结构边界缺失，使得大学的资源吸纳机制作用于大科学实验室，导致大科学实验室与大学的资源趋同化，这是大科学工程组织的治理结构冲突后果。基于交易成本理论与资源基础观的整合分析框架，提出了“大学对专用人力资本的治理安排，对大学非人力资本专用资产与运行绩效关系负向调节”的关键假设，构建了大学治理结构的概念模型和统计模型。这个关键假设得到面板数据模型分析的实证支持。假设表明,由于大学的学术团体有动机,并且能够正当地按照个人或学院需求配置组织资源,使得大学治理结构在实际运作中产生出独有的资源吸纳机制。在“一体化模式”下,由于治理结构边界缺失,导致大学的资源吸纳机制直接作用于大科学实验室,导致大学与大科学实验室的资源趋同化,从而未能保障两者实现资源互补。这是大科学工程组织的治理结构冲突后果,是本研究对“新举措”第二个现实困境的解释,也是本书的第二个创新点。

(3)在“社会运动”理论视角及其整合分析框架下,重新诠释了“曼哈顿工程”,分析了大科学工程组织的治理结构演化初始条件,并指出大科学社会结构的建制化推动了大科学工程组织的制度生成。基于资源动员理论、政治过程理论和社会结构理论,构建了“社会运动”分析框架,对“曼哈顿工程”进行了重新诠释,分析了其中的历史特定性、扩张的政治机会结构、权力精英领导和强内生组织,强调了因认知解放而形成的大科学社会结构及相应的科技制度变革,是大科学工程组织的制度生成因素,而历史局限使得这样的制度生成因采用“一体化模式”而缺乏治理结构边界,这构成了治理结构演化初始条件。当然,影响某种组织形成的社会文化、技术和政治等历史因素是错综复杂的,本书单独抽离“曼哈顿工程”来分析大科学工程组织的制度生成和演化初始条件,就有可能存在“过度解读”的风险。这是本书的一个不足之处。然而,穷尽所有影响因素显然也是不可能做到的。通过采用“社会运动”视角对“曼哈顿工程”进行诠释,分析大科学工程组织的治理结构演化初始条件,在一定程度上丰富了“社会运动”的研究对象,这是本书的第三个创新点。

(4)在演化交易成本分析框架下,披露了大科学工程组织的治理结构边界与桥接机制从缺失到创建的经验事实与历史演进,揭示了从“一体化模式”到“混合模式”是大科学工程组织的治理结构演化路径指向,分析了路径依赖与历史特定性在治理结构演化过程中的影响和意义。基于交易成本理论与演化理论所构建的演化交易成本分析框架,对大科学工程组织的治理结构演化路径进行了剖析,指出大科学工程组织的“一体化模式”是在“二战”与“冷战”的历史特定性下、以“不计成本”为代价所形成与存续的。当特定的历史条件消失,大科学工程组织沿着交易成本最小化路径,从“一体化模式”演化为“混合模式”。虽然这两种模式由于路径依赖而在时下并存,但“混合模式”彰显出,治理结构边界与桥接机制的创建,是解决大科学工程组织因采用“一体化模式”而产生的治理结构冲突的有效方案,也是中国当前通过实施“新举措”来建立大科学工程组织的可行技术手段。这构成了本书的第四个创新点。

(5)分析了中国的体制局限与历史局限,并根据大科学工程组织的治理结构冲突与演化研究结果,从基于新历史特定性推进治理结构演化、基于独立行政法人创建治理结构边界、基于增量改革创建治理结构桥接机制、以及基于社会工程推动社会结构转变和制度生成等四个方面提出了中国构建大科学工程组织的治理策略。一方面,通过对中国制度情景做出分析,阐明中国必须通过突破体制局限,变革现有的科技制度,来作为生成中国本土大科学工程组织的制度保障,并指出中国经济发展“新常态”提供了扩张的政治机会结构,是中国实施“新举措”的新历史特定性。另一方面,从历史分析的角度,分析了“两弹一星”工程为什么未能推动中国形成大科学工程组织,指出现有的中科院模式因演化初始条件的局限,并未能建立起有效率的大科学工程组织模式。为此,根据本书对大科学工程组织的治理结构冲突与演化的研究结果,提出了四个方面的治理策略。

总的来说,本书研究大科学工程组织的治理结构冲突与演化,实质上是探索了基于小科学与大科学研究模式的不同学术组织在现代社会中的合作关系,研究了学术组织的治理结构边界,属于一个“学术组织－学术组织”合作关系研究的新视角,并导入了一些新的理论基础与研究方法。不过,在初步的探索过程中,虽然收获了一定的研究成果,但有些研究问题仍需要做出进一步的深化与思考:

(1)大科学实验室治理结构的概念模型与实证研究。囿于现有条件的局限及涉密性质,本书暂且未能从美国大科学实验室中获得类似于美国大学那样的具体资产数据,亦未能获得中国“新举措”实施过程中的具体资产数据,从而未能对大科学实验室治理结构的实际运作进行实证研究。虽然大量的研究文献、官方报告和经验事实可以证明大科学实验室与企业的治理结构概念模型相似,但对其缺乏实证检验始终是本书的一个不足与遗憾。此外,由于中国在信息公开制度上的不完善,本书只能够收集到美国大学的数据进行实证分析。为此,在后续研究中,需要找到可行的研究方式和数据获取渠道,为大科学实验室治理结构的概念模型提供实证支持,以及对中国大学的治理结构进行实证检验。

(2)混合治理结构的具体组织形式与绩效比较分析。一方面,本书虽然揭示出混合模式是大科学工程组织的治理结构演化指向,却尚未能在这里对混合模式的具体组织形式进行详细分析。相较而言，现有的企业研究文献表明，各种混合治理结构的具体形式——如社会网络、产业链、临时的联合委员会以及各种形式的实体联盟组织等——都已经得到了大量的理论和实证分析，并被应用到管理实践中。因此，完全可以借鉴企业组织的研究方法和经验，对大科学实验室与大学，乃至其他研究机构所建立的混合模式，做出进一步的探索和研究。另一方面，"一体化模式"发生彻底的演变是近年的事情，而中国也是最近才开始实施"新举措"。因此，在本书的研究基础上，还需要对这两种模式进行长期的追踪研究，寻找更多的数据来对演化前后的大科学工程组织模式进行绩效比较，以对本书的研究结果和相关观点做出进一步论证。

(3)大科学工程组织的边界问题。读者可以发现，在本书的整个展开过程中，大科学工程组织的边界问题是分析的关键。在"一体化模式"中，大学与大科学实验室是融合一体，缺失边界的；而对于"混合模式"，大学与大科学实验室的边界又通过某种制度形式得以确立。在边界从缺失到确立的历史进程中，可以发现，人们对于这种组织的认识、对于社会关系的认识、对于科学与科学家的认识、整个历史制度环境以及管理技术等方面都发生了巨大的变化。正因为如此，我们在书中反复说明的是，"一体化模式"并非在任何时代都是不合理和缺乏效率的，而是到了和平年代，它才有了被"混合模式"取代的必要性。在"混合模式"时代，大科学工程组织的边界问题就更为复杂了，本书的研究工作仅是通过规范分析，从大学与大科学实验室的角度，把大科学工程组织的边界问题指出来。但由于"混合模式"并非某种确定的组织形式，如何合理地确定大科学工程组织的边界，规避资源吸纳机制，形成有效的治理策略，将成为一个有价值的新议题。

(4)大学与其他学术组织关系的反思。本书从大科学工程组织的治理结构冲突与演化研究中，发现大学与大科学实验室这两种学术组织存在不同的治理结构，需要通过划分治理结构边界和建立桥接机制的方式，以解决大科学工程组织因采用"一体化模式"而产生的治理结构冲突问题。这就产生了"学术组织－学术组织"合作模式多样化的研究需求。实际上，自"二战"以来，除了"大科学实验室"之外，大学已经与越来越多的学术组织建立关系，并形成各种"模式"，如"大学－科技园""大学－国家工程研究中心"以及"大学－产业技术研究院"等等。这些"模式"也被中国采用，其中的成功典范更是不断刺激着更多的大学尝试去采用这些"模式"。然而，这些模式往往是某种"一体化模式"，在这样的模式下，治理结构边界是存在缺失风险的，大学的资源吸纳机制就很有可能会作用于那些与大学建立合作关系的学术组织。此时，这些“模式”是否也会面临着与“一体化模式”类似的治理结构冲突问题呢？它们最初的形成与维持是否也同样存在历史特定性和路径依赖？在这样的情况下，如果要避免资源吸纳机制的作用，创建治理结构边界和桥接机制，大学应当采取怎样的措施呢？我们国家在 2015 年 11 月印发了《统筹推进世界一流大学和一流学科建设总体方案》，如何通过资源投入和组织制度建设来实现“双一流”的建设目标，是这一阶段的重要内容。一方面，可以看到的是，“互联网 +”正在改变当代的组织形态，组织的简约化成为新的演化趋势。另一方面，我们国家的大学仍然朝着成为庞然大物的方向发展，规模越来越大，机构也变得越来越臃肿。通过揭示出治理结构边界和资源吸纳机制的影响作用，这种“庞然大物”的发展方向是令人怀疑的。因此，在新的时代背景下，如何改革大学组织，使其能够应对快速变化的外部环境，将是我国实现“双一流”建设的必经之路。

附　录

附表　美国 2010－2012 年 65 所研究型大学面板数据

Tab. Appendix 65 research universities' panel data of the U. S. during the year 2010 to 2012

大学	年份	年初净资产/美元	年末净资产/美元	总收入/美元	年初捐赠资产/美元	年末捐赠资产/美元	组织专用资产/美元	债务总额/美元	资产总额/美元	规模/人	终身职/人
Massachusetts Institute of Technology	2010	9 946 388 000	10 324 305 000	691 992 000	7 880 321 000	8 317 321 000	2 325 817 000	3 088 201 000	13 412 506 000	14 253	752
Massachusetts Institute of Technology	2011	10 324 305 000	12 105 690 000	1 647 564 000	8 317 321 000	9 712 628 000	2 451 479 000	3 944 683 000	16 050 373 000	14 570	759
Massachusetts Institute of Technology	2012	12 387 731 000	12 799 344 000	777 115 000	9 712 628 000	10 149 564 000	2 497 711 000	3 987 754 000	16 787 098 000	15 149	760
Columbia University	2010	7 729 574 000	8 499 295 000	784 949 000	5 892 798 000	6 516 512 000	2 522 270 000	2 607 759 000	11 107 054 000	16 598	955
Columbia University	2011	8 499 295 000	10 662 306 000	2 055 686 000	6 516 512 000	7 789 578 000	2 710 218 000	2 845 132 000	13 507 438 000	19 324	986
Columbia University	2012	10 662 306 000	10 652 051 000	69 057 000	7 789 578 000	7 654 152 000	2 906 411 000	3 074 840 000	13 726 891 000	19 998	1 019
Stanford University	2010	18 039 040 000	19 434 921 000	209 676 000	12 619 094 000	13 851 115 000	3 583 996 000	5 118 399 000	24 553 320 000	16 974	992

续附表

大学	年份	年初净资产/美元	年末净资产/美元	总收入/美元	年初捐赠资产/美元	年末捐赠资产/美元	组织专用资产/美元	债务总额/美元	资产总额/美元	规模/人	终身职/人
Stanford University	2011	19 434 921 000	22 554 792 000	2 781 354 000	13 851 115 000	16 502 606 000	3 674 383 000	5 142 735 000	27 697 527 000	16 653	999
Stanford University	2012	22 554 792 000	23 505 417 000	1 100 902 000	16 502 606 000	17 035 804 000	3 826 387 000	5 476 357 000	28 981 774 000	17 651	1 033
Duke University	2010	7 512 979 000	7 981 555 000	468 576 000	4 440 745 000	4 823 572 000	2 597 099 000	4 535 619 000	12 517 174 000	18 649	1 218
Duke University	2011	8 246 453 000	10 311 348 000	1 953 057 000	4 823 572 000	5 747 377 000	2 699 359 000	3 784 660 000	14 096 008 000	18 976	1 240
Duke University	2012	10 311 348 000	9 803 365 000	19 570 000	5 747 377 000	5 555 196 000	2 980 168 000	4 367 787 000	14 171 152 000	18 707	1 258
Princeton University	2010	13 380 122 000	14 670 507 000	1 281 946 000	13 386 280 000	14 760 707 000	2 664 595 000	3 524 915 000	18 195 422 000	6 653	548
Princeton University	2011	14 670 507 000	17 252 562 000	2 572 724 000	14 760 707 000	17 162 603 000	2 789 075 000	3 500 448 000	20 753 010 000	6 788	555
Princeton University	2012	17 252 562 000	17 346 661 000	84 649 000	17 162 603 000	17 404 002 000	2 991 739 000	3 885 118 000	21 231 779 000	6 835	548
Yale University	2010	17 394 453 000	17 540 739 000	388 061 000	16 103 497 000	16 504 168 000	3 976 650 282	9 755 368 000	27 286 107 000	15 491	784
Yale University	2011	17 540 739 000	20 998 503 000	3 114 296 000	16 504 168 000	19 174 387 000	4 110 529 282	10 045 810 000	31 044 313 000	15 789	802
Yale University	2012	20 998 503 000	20 491 677 000	−378 651 148	19 174 387 000	19 264 289 000	4 255 241 282	10 830 688 000	31 322 365 000	17 266	959
University of Chicago	2010	4 796 992 716	5 137 641 302	340 648 586	4 535 632 523	4 904 716 557	2 248 202 093	3 387 793 267	8 525 434 569	11 528	760
University of Chicago	2011	5 137 641 302	5 965 714 032	828 072 730	4 904 716 557	5 691 012 921	2 354 184 950	3 440 257 268	9 405 971 300	11 478	766
University of Chicago	2012	5 965 714 032	5 804 572 606	−161 141 426	5 691 012 921	5 701 419 217	2 452 134 956	3 814 462 066	9 619 034 672	11 637	772
California Institute of Technology	2010	2 092 520 000	2 155 771 000	61 775 000	1 508 460 000	1 631 076 000	847 206 000	1 469 581 000	3 625 352 000	4 253	233
California Institute of Technology	2011	2 155 771 000	2 042 678 000	−120 590 000	1 631 076 000	1 613 662 000	859 373 000	1 509 729 000	3 552 407 000	3 989	229
California Institute of Technology	2012	2 042 678 000	2 180 439 000	168 017 000	1 624 331 000	1 811 497 000	873 768 000	1 934 760 000	4 115 199 000	3 992	237

续附表

大学	年份	年初净资产/美元	年末净资产/美元	总收入/美元	年初捐赠资产/美元	年末捐赠资产/美元	组织专用资产/美元	债务总额/美元	资产总额/美元	规模/人	终身职/人
Dartmouth College	2010	3 396 075 065	3 521 638 155	121 881 366	3 003 712 058	3 137 422 069	783 891 921	1 663 775 791	5 185 413 946	4 539	405
Dartmouth College	2011	3 521 638 155	4 079 459 637	549 620 614	3 137 422 069	3 460 843 932	867 124 135	1 807 842 660	5 887 302 297	4 588	402
Dartmouth College	2012	4 079 459 637	4 017 549 508	67 682 235	3 413 406 771	3 486 383 419	929 161 548	1 957 443 039	5 974 972 547	4 766	405
Northwestern University	2010	6 352 164 000	6 801 655 000	449 491 000	4 398 200 000	4 726 940 000	1 481 292 000	1 595 562 000	8 397 217 000	9 585	961
Northwestern University	2011	6 801 655 000	7 831 477 000	1 029 822 000	4 726 940 000	5 474 935 000	1 529 056 000	1 540 295 000	9 371 772 000	9 629	977
Northwestern University	2012	7 831 477 000	8 125 334 000	293 857 000	5 474 935 000	5 574 319 000	1 576 025 000	1 751 563 000	9 876 897 000	10 577	958
Brown University	2010	2 724 816 000	2 872 333 000	147 517 000	2 039 135 000	2 178 837 000	820 133 000	856 917 000	3 729 250 000	4 944	467
Brown University	2011	2 872 333 000	3 231 690 000	359 357 000	2 178 837 000	2 525 662 000	897 578 000	953 250 000	4 184 940 000	4 861	486
Brown University	2012	3 231 690 000	3 162 599 000	−10 080 000	2 525 662 000	2 525 091 000	953 334 000	990 067 000	4 152 666 000	5 396	485
Washington University in St. Louis	2010	5 679 742 000	6 362 269 000	682 956 000	4 147 461 000	4 560 043 000	1 905 509 000	1 884 326 000	8 246 595 000	13 674	926
Washington University in St. Louis	2011	6 362 269 000	7 352 132 000	994 521 000	4 560 043 000	5 348 871 000	1 905 034 000	1 941 697 000	9 293 829 000	13 964	935
Washington University in St. Louis	2012	7 352 132 000	7 302 870 000	−22 760 000	5 348 871 000	5 303 196 000	1 895 389 000	1 855 783 000	9 158 653 000	14 553	932
Cornell University	2010	4 647 793 061	5 120 004 980	458 459 322	3 051 960 153	3 413 150 730	2 333 682 597	2 635 812 202	7 755 817 182	12 923	1 177
Cornell University	2011	5 120 004 980	5 899 300 179	710 941 908	3 413 150 730	3 960 057 384	2 385 158 974	2 532 612 250	8 431 912 429	12 873	1 178

续附表

大学	年份	年初净资产/美元	年末净资产/美元	总收入/美元	年初捐赠资产/美元	年末捐赠资产/美元	组织专用资产/美元	债务总额/美元	资产总额/美元	规模/人	终身职/人
Cornell University	2012	5 899 300 179	5 875 746 297	119 320 733	3 960 057 384	3 850 425 867	2 413 158 260	2 445 272 170	8 321 018 467	12 968	1 153
Vanderbilt University	2010	4 077 558 994	4 295 542 354	294 668 725	2 833 614 000	3 007 607 000	1 807 284 391	2 573 741 217	6 869 283 571	23 636	886
Vanderbilt University	2011	4 373 237 691	5 090 518 202	523 656 856	3 007 607 000	3 375 153 000	1 754 523 580	2 330 824 962	7 421 343 164	24 982	876
Vanderbilt University	2012	5 090 518 202	5 019 547 628	107 443 017	3 375 153 000	3 360 036 000	1 727 611 412	2 451 614 913	7 471 162 541	27 128	918
Rice University	2010	4 354 790 000	4 544 419 000	200 701 000	3 665 267 000	3 835 723 000	1 190 243 000	1 068 441 000	5 612 860 000	2 859	400
Rice University	2011	4 544 419 000	5 239 865 000	712 517 000	3 835 723 000	4 498 951 000	1 216 936 000	1 044 145 000	6 284 010 000	2 963	409
Rice University	2012	5 239 865 000	4 544 419 000	−9 228 000	4 498 951 000	4 448 069 000	1 190 243 000	1 029 647 000	6 235 521 000	3 028	400
University of Notre D – ame	2010	5 850 039 000	6 316 332 000	513 790 000	4 920 742 000	5 340 685 000	1 154 018 000	1 437 345 000	7 753 667 000	6 190	657
University of Notre D – ame	2011	6 318 270 000	7 582 903 000	1 188 547 000	5 340 685 000	6 383 344 000	1 204 412 000	1 555 409 000	9 138 312 000	6 634	668
University of Notre D – ame	2012	7 582 903 000	7 531 421 000	27 507 000	6 383 344 000	6 444 599 000	1 290 423 000	1 799 134 000	9 330 555 000	6 734	652
Emory University	2010	5 922 467 000	6 007 036 000	84 569 000	4 601 487 813	4 841 490 323	2 262 731 000	3 393 724 000	9 400 760 000	11 765	889
Emory University	2011	6 007 036 000	6 660 703 000	660 365 000	4 841 490 323	5 443 397 455	2 428 226 000	3 401 131 000	10 061 834 000	11 994	874
Emory University	2012	6 660 703 000	7 001 620 000	351 255 000	5 443 397 455	5 774 499 577	2 663 442 000	3 842 019 000	10 843 639 000	12 814	855
Georgetown University	2010	858 844 000	947 684 000	88 840 000	895 107 000	1 007 299 000	857 921 000	1 303 955 000	2 251 693 000	6 621	594
Georgetown University	2011	947 684 000	1 142 243 000	194 559 000	1 007 299 000	1 162 239 000	880 876 000	1 322 396 000	2 464 639 000	6 518	609
Georgetown University	2012	1 142 243 000	1 053 372 000	−88 871 000	1 162 239 000	1 140 486 000	905 874 000	1 399 293 000	2 452 665 000	6 536	595
Carnegie Mellon Univ – ersity	2010	1 206 978 162	1 304 399 689	97 421 527	749 640 118	811 732 601	685 221 323	710 357 705	2 014 757 394	7 347	476

续附表

大学	年份	年初净资产/美元	年末净资产/美元	总收入/美元	年初捐赠资产/美元	年末捐赠资产/美元	组织专用资产/美元	债务总额/美元	资产总额/美元	规模/人	终身职/人
Carnegie Mellon Univ - ersity	2011	1 304 399 689	1 583 019 223	278 619 534	811 732 601	1 009 219 349	684 082 537	697 741 469	2 280 760 692	7 577	468
Carnegie Mellon Univ - ersity	2012	1 583 019 223	1 627 647 238	44 628 015	1 009 219 349						

数据来源:本书作者通过"The Center for Measuring University Performance"和"Integrated Postsecondary Education Data System"两个数据库进行数据的搜集与整理所得。

参考文献

[1] 国家重大科技基础设施管理研究课题组. 国家重大科技基础设施工作研究和管理政策建议[R]. 未公开出版, 2008.

[2] 黄敏, 杨海珍. 加强大科学装置的管理[J]. 政策与管理研究, 2006, 21(3): 213 -217.

[3] Megascience, the OECD Forum, Organisation for Economic Co - operation and Development. The global human genome programme[M]. Paris: Organisation for Economic Co - operation and Development, 1995: 54 -59.

[4] RATCHFORD J T, COLOMBO U. Megascience[EB/OL]. 1996[2013 -07 -26]. http://www.oecd.org/science/sci - tech/1905250.pdf.

[5] 杜澄,尚智丛. 国家大科学工程研究[M]. 北京:北京理工大学出版社, 2011.

[6] "教育部高等学校重大科技基础设施规划建设与运行管理研究"课题组. 高等学校重大科技基础设施建设与发展研究报告[R]. 未公开出版, 2011.

[7] WEINBERG A M. Impact of large - scale science on the United States[J]. Science, 1961, 134(3473): 161 -164.

[8] 普赖斯. 小科学大科学[M]. 宋剑耕, 戴振飞,译. 上海:世界科学社, 1982: 4, 73 -75.

[9] 李建强, 黄海洋. 国家实验室的体制机制与技术扩散研究[M]. 上海: 上海交通大学出版社, 2009: 11 -12, 138.

[10] 吴松. 日本重大科技装置的发展现状与趋势[J]. 全球科技经济瞭望, 2008, 23(11): 44 -50.

[11] 吴松强, 仲盛来, 刘晓宇,等. 发达国家国家重点实验室运行机制的经验与借鉴[J]. 经济研究参考, 2013(69): 73 -77.

[12] 中国科学院大科学装置管理研究组. 加强中国科学院大科学装置管理工作的思考[DB/OL]. (2007-3-22)[2013-9-10]. http://news.sciencenet.cn/html/shownews.aspx? cn=1&id=175437.

[13] 中国科学院大科学装置管理研究组. 加强中国科学院大科学装置管理工作的思考(续)[DB/OL]. (2007-4-16)[2013-9-10]. http://news.sciencenet.cn/html/shownews.aspx? cn=1&id=177424.

[14] 黄缨，赵文华. 美国在研究型大学创立国家实验室的启示[J]. 研究与发展管理，2004，16(3)：101-105.

[15] 张利欣，徐文超. 高校参与重大科技基础设施建设思考[J]. 中国高校科技与产业化，2011(3)：42-43.

[16] LAUTO G, VALENTIN F. How large-scale research facilities connect to global research [J]. Review of policy research, 2013, 30(4): 381-408.

[17] WHITLEY R. The intellectual and social organisation of the sciences (2nd ed.)[M]. Oxford, UK: Oxford University Press, 2000.

[18] SEIDEL R W. Accelerating science: the postwar transformation of the Lawrence Radiation Laboratory[J]. Historical studies in the physical sciences, 1983, 13(2): 375-400.

[19] WESTWICK P J. The national labs: science in an American system 1947-1974[M]. Cambridge, MA: Harvard University Press, 2003.

[20] WESTFALL C. Surviving the squeeze: national laboratories in the 1970s and 1980s[J]. Historical studies in the natural sciences, 2008, 38(4): 475-478.

[21] WESTFALL C. Retooling for the future: launching the advanced light source at lawrence's laboratory, 1980-1986[J]. Historical studies in the natural sciences, 2008, 38(4): 569-609.

[22] WESTFALL C. Surviving to tell the tale: argonne's intense pulsed neutron source from an ecosystem perpective[J]. Historical studies in the natural science, 2010, 40(3): 350-398.

[23] PAPADAKIS M. Federal laboratory missions, products, and competitiveness [J]. The journal of technology transfer, 1995, 20(1): 54-66.

[24] LINK A N, SIEGEL D S, FLEET D DV. Public science and public innova-

tion: assessing the relationship between patenting at U. S. national laboratories and the bayh – dole act[J]. Research policy, 2011, 40(8): 1094 – 1099.

[25] VUOLA O, HAMERI A P. Mutually benefiting joint innovation process between industry and big – science[J]. Technovation, 2006, 26(1): 3 – 12.

[26] MERZ M, BINIOK P. How technological platforms reconfigure science – industry relations: the case of micro – and nanotechnology[J]. Minerva, 2010, 48(2): 105 – 124.

[27] HINNANT C C, STVILIA B, WU S, et al. Author – team diversity and the impact of scientific publications: evidence from physics research at a national science lab[J]. Library & information science research, 2012, 34(4): 249 – 257.

[28] LEE S, BOZEMAN B. The impact of research collaboration on scientific productivity[J]. Social studies of science, 2005, 35(5): 673 – 702.

[29] THORSTEINSDÓTTIR O H. External research collaboration in two small science systems[J]. Scientometrics, 2000, 49(1): 145 – 160.

[30] TARNOW E. Coauthorship in physics[J]. Science and engineering ethics, 2002, 8(2): 175 – 190.

[31] LORIGO L, PELLACINI F. Frequency and structure of long distance scholarly collaborations in physics community[J]. Journal of the American society for information science and technology, 2007, 58(10): 1497 – 1502.

[32] COLOMBELLI A, TUNZELMANN N. The persistence of innovation and path dependence[A]. In C. Antoneeli (Ed.), Handbook in the economic complexity of technological change[C]. Cheltenham, UK: Edward Elgar, 2011: 105 – 119.

[33] HALLONSTEN O, HEINZE T. From partical physics to photon science: multi – dimensional and multi – level renewal at DESY and SLAC [J]. Science and public policy, 2013, 40(5): 591 – 603.

[34] HALLONSTEN O, HEINZE T. Institutional persistence through gradual adaptation: analysis of national laboratories in the USA and Germany[J]. Science and public policy, 2012, 39(4): 450 – 463.

[35] ELZINGA A. Features of the current science policy regime: viewed in historical perspective[J]. Science and public policy, 2012, 39(39): 416 - 428.

[36] PAPON P. Intergovernamental cooperation in the making of European research[A]. H. Delanghe, U. Muldur, & L. Soete (Eds.). European science and technology policy: Towards integration or fragmentation? [C]. Cheltenham, UK: Edward Elgar, 2009:24 -43.

[37] WESTFALL C. Institutional persistence and the material transformation of the US National Labs: the curious story of the advent of the advanced photon source[J]. Science and public policy, 2012, 39(4): 439 -449.

[38] 尚智丛，赵凯. 大科学装置成果转化模式探析——以北京正负电子对撞机为例[J]. 科技进步与对策，2011，28(19)：6 -9.

[39] 邢超. 创新链与产业链结合的有效组织方式——以大科学工程为例[J]. 科学学与科学技术管理，2012，33(10)：116 -120.

[40] 肖芳，胡新和. 法律视野中的“大科学”[J]. 科学技术与辩证法，2008，25(3)：102 -106.

[41] 程艳，陈套，宋兆海. 浅谈EAST大科学工程团队文化的特征[J]. 中国科学院院刊，2009，24(2)：204 -208.

[42] 赵红州，束洪福. 国家事务的科学卫士——论美国的“大科学”[J]. 科学学与科学技术管理，1994，(7)：40 -44.

[43] 赵文华，黄缨，刘念才. 美国在研究型大学中建立国家实验室的启示[J]. 清华大学教育研究，2004，25(2)：57 -62.

[44] 明炬. 高校科技如何积极应对“大科学”时代的挑战[J]. 中国高校科技与产业化，2010 (6)：21 -22.

[45] 王鹏，张书芹. 阿贡国家实验室管理模式的现状、特点及启示[J]. 中国科学基金，2011 (3)：173 -177.

[46] 周志发. 加州大学伯克利分校“大科学”的发展及其对大学内涵的影响[J]. 清华大学教育研究，2011，32(4)：92 -97.

[47] 何洁，郑英姿. 美国能源部国家实验室的管理对我国高校建设国家实验室的启示[J]. 科技管理研究，2012，32(3)：68 -72.

[48] 胡建华. 科学研究在大学中的历史演进[J]. 南京师大学报(社会科学

版), 2006 (4): 76 - 81.

[49] 熊耕. 浅析美国大学中国家实验室的管理特点[J]. 高等工程教育研究, 2011 (1): 112 - 117.

[50] 郑晓齐, 王绽蕊. 我国研究型大学基层学术组织的改革与发展研究[J]. 中国高教研究, 2009 (3): 51 - 54.

[51] National Academies, C. O. S., Enginering and Public Policy. Facilitating interdiscplinary research [M]. Washington, D. C.: National Academies Press, 2005.

[52] ADAMS J D, BLACK G C, CLEMMONS J R, et al. Scientific teams and institutional collaborations: evidence from U. S. universities, 1981 - 1999 [J]. Research policy, 2005,34(3): 259 - 285.

[53] 张鹏程, 彭菡. 科研合作网络特征与团队知识创造关系研究[J]. 科研管理, 2011, 32(7): 104 - 112.

[54] KEGEN N V. Science networks in cutting - edge research institutions: gender homophily and embeddedness in formal and informal networks [J]. Procedia - social and behavioral sciences, 2013, 79 (6): 62 - 81.

[55] 缪亚军, 孙见山, 戚巍. 卓越学术合作特征: 模式、强度及影响力视角[J]. 科研管理, 2014, 35(9): 106 - 114.

[56] YNALVEZA M A, SHRUMB W M. Professional networks, scientific collaboration, and publication productivity in resource - constrained research institutions in a developing country [J]. Research policy, 2011, 40 (2): 204 - 216.

[57] PERKMANN M, TARTARI V, MCKELVEY M, et al. Academic engagement and commercialisation: a review of the literature on university - industry relations [J]. Research policy, 2013, 42(2): 423 - 442.

[58] 汪霞. 高水平大学建设的体制机制创新[J]. 中国高等教育, 2014 (23): 12 - 14.

[59] 蓝晓霞. 美国产学研协同创新的主要模式、特点及启示[J]. 中国高教研究, 2014 (4): 50 - 53.

[60] 康旭东, 丁堃, 孙莹. 美国西北大学科技管理模式与机制的分析与启示[J]. 研究与发展管理, 2014 (5): 106 - 112.

［61］ 曾国屏，林菲．创业型科研机构初探［J］．科学学研究，2014，32(2)：242－248．

［62］ PONOMARIOV B L，BOARDMAN P C．Influencing scientists' collaboration and productivity patterns through new institutions：university research centers and scientific and technical human capital［J］．Research policy，2010，39(5)：613－624．

［63］ BROCKE J V，LIPPE S．Managing collaborative research projects：a synthesis of project management literature and directives for future research［J］．International journal of project management，2015，33 (5)：1022－1039．

［64］ 谢耀霆．面向协同创新的高校科研团队组织模式与激励机制探析［J］．高等工程教育研究，2015 (1)：102－106．

［65］ 谢晔，霍国庆．科研组织纵向一体化与科研战略绩效关系研究［J］．科研管理，2012，33(3)：96－104．

［66］ 温珂，周华东．联盟能力视角下的产学研合作联盟促进政策研究［J］．科学学与科学技术管理，2010，31(8)：10－14．

［67］ ANKRAH S，AL－TABBAA O．University－industry collaboration：a systematic review［J］．Scandinavian journal of management，2015，31(3)：387－408．

［68］ ALEXY O，GEORGE G，SALTERA．Cui bono? The selective revealing of knowledge and its implications for innovative activity［J］．Academy of management review，2013，38(2)：270－291．

［69］ MURRAY F．The oncomouse that roared：hybrid exchange strategies as a source of distinction at the boundary of overlapping institutions［J］．American journal of sociology，2010，116(2)：341－388．

［70］ O'MAHONY S，BECHKY B A．Boundary organizations：enabling collaboration among unexpected allies［J］．Administrative science quarterly，2008，53(3)：422－459．

［71］ PERKMANN M，SCHILDT H．Open data partnerships between firms and universities：the role of boundary organizations［J］．Research policy，2015，44(5)：1133－1143．

［72］ VASILEIADOU E，VLIEGENTHART R．Research productivity in the era of the internet revisited[J]. Research policy, 2009, 38(8): 1260 - 1268.

[73] 林向义，罗洪云，曹明阁，等. 虚拟科研团队隐性知识共享效率的提升策略研究[J]. 情报杂志，2012 (12): 146 - 150.

[74] FITJAR D, RODRÍGUEZ - POSE A. Networking, context and firm - level innovation: cooperation through the regional filter in Norway [J]. Geoforum, 2015, 63: 25 - 35.

[75] MARTIN - RIOS C. Why do firms seek to share human resource management knowledge? the importance of inter - firm networks [J]. Journal of business research, 2014, 67(2): 190 - 199.

[76] 叶春霞，余翔，李卫. 中国企业间专利合作网络的演化及小世界性分析——基于开放式创新视角[J]. 情报科学，2015(2): 85 - 90.

[77] HOHBERGER J, ALMEIDA P, PARADA P. The direction of firm innovation: the contrasting roles of strategic alliances and individual scientific collaborations [J]. Research policy, 2015, 44(8): 1473 - 1487.

[78] 李靖，蒋士成，费方域. 战略联盟与一体化：多渠道研发外包背景下的组织比较[J]. 研究与发展管理，2012, 24(1): 26 - 34.

[79] 武博，刘光东，王怡. 产业价值链视角的纵向研究联合体研发模式研究——以上汽集团与通用(中国)纵向研究联合体为例[J]. 华东经济管理，2012, 26(2): 151 - 154.

[80] RHODES R A W. The new governance: governing without government[J]. Political studies, 2006, 44(4): 652 - 667.

[81] 李龙，任颖. "治理"一词的沿革考略——以语义分析与语用分析为方法[J]. 法制与社会发展，2014 (4): 5 - 27.

[82] PETERS B G. Is governance for everybody? [J]. Policy and society, 2014, 33(4): 301 - 306.

[83] 翁士洪，顾丽梅. 治理理论：一种调适的新制度主义理论[J]. 南京社会科学，2013 (7): 49 - 56.

[84] BACHE I. Governing through governance: education policy control under new labour [J]. Political studies, 2003, 51(2): 300 - 314.

[85] HOLLIDAY I. Is the British state hollowing out? [J]. The political quarterly, 2000, 71(2):167 - 176.

[86] JORDAN A, WURZEL R K W, ZITO A. The rise of "new" policy instruments in comparative perspective: has governance eclipsed government? [J]. Political studies, 2005, 53(3): 477-496.

[87] MIKE M. Governing beyond the centre: a critique of the Anglo-governance school[J]. Political studies, 2003, 51(3): 592-608.

[88] PRICHETT L, WOOLCOCK M. Solutions when the solution is the problem: arraying the disarray in development [J]. World development, 2002, 32 (2): 191-212.

[89] WELCH R. Legitimacy of rural local government in the new governance environment[J]. Journal of rural studies, 2002, 18(4):443-459.

[90] 李妍辉. 从"管理"到"治理":政府环境责任的新趋势[J]. 社会科学家, 2011 (10): 51-54.

[91] KJAER A M. "Rhodes" contribution to governance theoty: praise, criticism and the future governance debate[J]. Public administration, 2011, 89(1): 101-113.

[92] Peters B G. Is governance for everybody? [J]. Policy and society, 2014, 33(4): 301-306.

[93] CLAUS O. Governance: an "empty signifier"? [J]. Constellations, 2009, 16(4): 550-562.

[94] 王诗宗. 治理理论与公共行政学范式进步[J]. 中国社会科学, 2010 (4): 87-100.

[95] 陈仕华, 郑文全. 公司治理理论的最新进展: 一个新的分析框架[J]. 管理世界, 2010 (2): 156-166.

[96] GILLANS L. Recent developments in corporate governance: an overview [J]. Journal of corporate finance,2006, 12(3): 381-402.

[97] CLAESSENS S, YURTOGLUB B. Corporate governance in emerging markets: a survey[J]. Emerging markets review, 2013, 15(4): 1-33.

[98] PORTA R L, LOPEZ-DE-SILANES F, SHLEIFER A. The economic consequences of legal origin [J]. Journal of economic literature, 2008, 46 (2): 285-332.

[99] ROEM J. Legal origins, politics and modern stock markets[J]. Harvard law

review, 2006, 120(2): 460 - 527.

[100] 科斯. 企业的性质[A]. 威廉姆森，温特. 企业的性质——起源、演变和发展[C]. 姚海鑫，邢源源，译. 北京：商务印书馆，2007:22 - 40.

[101] LAFONTAINE F, SLADE M. Vertical integration and firm boundaries: the evidence[J]. Journal of economic literature, 2007, 45(3): 629 - 685.

[102] WHINSTON M D. On the transaction cost determinants of vertical integration[J]. Journal of law, economics, and organization, 2003, 19(1): 1 - 23.

[103] JENKINGSON T, MAYER C. The assessment: corporate governance and corporate control[J]. Oxford review of economic policy, 1992, 8(3): 1 - 10.

[104] 杨瑞龙，周业安. 论利益相关者合作逻辑下的企业共同治理机制[J]. 中国工业经济，1998 (1): 38 - 45.

[105] ZALEWSKA A. Challenges of corporate governance: twenty years after cadbury, ten years after Sarbanes - Oxley[J]. Journal of empirical finance, 2014, 27: 1 - 9.

[106] WANG Y, TANAKA A. From hierarchy to hybrid: the evolving nature of inter - firm governance in China's automobile groups[J]. Journal of business research, 2011, 64(1): 74 - 80.

[107] WILLIAMSON O E. Comparative economic organization: the analysis of discrete structural alternatives[J]. Administrative science quarterly, 1991, 36(2): 269 - 296.

[108] MÉNARD C. The economics of hybrid organizations[J]. Journal of institutional and theoretical economics, 2004, 160(3): 345 - 376.

[109] JOLINK A, NIESTEN E. Recent qualitative advances on hybrid organizations: taking stock, looking ahead[J]. Scandinavian journal of management, 2012, 28(2): 149 - 161.

[110] BAKER G P, GIBBONS R, MURPHY K J. Strategic alliances: bridges between "islands of concious power"[J]. Journal of the Japanese and international economies, 2008, 22(2): 146 - 163.

[111] ULSET S. The rise and fall of global network alliances[J]. Industrial and

corporate change, 2008, 17(2): 267 - 300.
[112] MEYER L H. Collegial participation in university governance: a case study of institutional change[J]. Studies in higher education, 2007, 32(2): 225 - 235.
[113] ENGWALL L. Universities, the state and the market: changing patterns of university governance in Sweden and beyond[J]. Higher education management and policy, 2007, 19(3): 87 - 104.
[114] LARSEN I M, MAASSEN P, STENSAKER B. Four basic dilemmas in university governance reform[J]. Higher education management and policy, 2009, 21(3): 1 - 18.
[115] 王世权，刘桂秋. 大学治理中的行政权力：价值逻辑、中国语境与治理边界[J]. 清华大学教育研究，2012，33(2)：100 - 106.
[116] WILLIAMS D. One faculty's perception of its governance role[J]. Journal of higher education, 1987 (6): 629 - 657.
[117] DILL D, HELM K. Faculty participation in strategic policy making[J]. Higher educaion: handbook of theory and research, 1988 (4): 320 - 355.
[118] 王洪才. 大学治理的内在逻辑与模式选择[J]. 高等教育研究，2012(9)：24 - 29.
[119] 陈金圣. 教授治校与教授治学的兼容性及其现实意义[J]. 复旦教育论坛，2014，12(2)：61 - 66.
[120] 田汉族，孟繁华. 从行政化到去行政化：大学管理本质的回归[J]. 高校教育管理，2011 (24)：11 - 16.
[121] 张万宽，陈佳. 网络和组织理论视野下的大学治理——兼论我国高校去行政化[J]. 清华大学教育研究，2011，32(1)：25 - 32.
[122] DOBBINS M, KNILL C, VÖGTLE E M. An analytical framework for the cross - country comparison of higher education governance[J]. Higher education, 2011, 62(5): 665 - 683.
[123] 张端鸿. 大学治理结构的经济学分析[J]. 复旦教育论坛，2013，11(6)：23 - 28.
[124] 余承海，程晋宽. 当代美国大学共同治理的困境、变革及其启示[J]. 高等教育研究，2014 (5)：92 - 96.

[125] CARNEGIE G D, JACQUELINE T. Understanding the ABC of university governance [J]. Campus review, 2010, 69(4):431 - 441.

[126] LESLEY V, JAN C. Governance and trust in higher education[J]. Studies in higher education, 2011, 36(1): 43 - 56.

[127] 朱家德. 提高大学治理的有效性——20 世纪 60 年代以来西方大学治理结构变化的总趋势[J]. 中国地质大学学报(社会科学版), 2012, 12(6): 123 - 130.

[128] 左崇良, 胡劲松. 大学治理的法理证成[J]. 高等教育研究, 2013(12): 21 - 28.

[129] 龚怡祖. 大学治理结构: 建立大学变化中的力量平衡[J]. 高等教育研究, 2010 (12): 49 - 55, 60.

[130] 丛春秋. "契合"还是"附会"——大学治理视阈中的新公共管理批判[J]. 教育探索, 2012 (8): 26 - 27.

[131] 姜华. 泛化、虚化、理想化和空洞化——大学治理研究的问题[J]. 现代教育管理, 2013 (6): 1 - 6.

[132] 刘元芳, 栗红, 任增元. "经济人"假设与大学治理的思考[J]. 现代大学教育, 2012 (2): 40 - 44.

[133] 周作宇. 论大学组织冲突[J]. 教育研究, 2012(9): 58 - 66.

[134] RAMIREZF O. The rationalization of universities. In M. - L. Djelic & K. Sahlin - Andersson (Eds.), transnational governance: institutional dynamics of regulation[M]. Cambridge: Cambridge University Press, 2006.

[135] 荀渊. 治理的缘起与大学治理的历史逻辑[J]. 全球教育展望, 2014, 43(5): 97 - 106.

[136] BROWN W O. Faculty participation in university governance and the effects on university performance[J]. Journal of economic behavior & organization, 2011, 44(2): 129 - 143.

[137] MCCORMICKR E, MEINERSR E. University governance: a property rights perspective[J]. Journal of law and economics, 1988, 31(2):423 - 442.

[138] ALTBACH P G, ROBERT O. Higher education in American society[M]. NewYrok: Prometheus Books, 1994: 57,70.

[139] 史密斯, 韦伯斯特. 后现代大学来临[M]. 侯定凯, 赵叶珠, 译. 北京:

北京大学出版社, 2010.
[140] KAPLAN G E. Do governance structures matter? [J]. New directions for higher education, 2004, 2004(127): 23 -34.
[141] WILLIANM G T, JAMES T M. Challenges for governance: a national report[R]. Los Angeles: Center for higher education analysis, university of southern California, 2003: 13.
[142] 布什. 当代西方教育管理模式[M]. 强海燕,译. 南京: 南京师范大学出版社, 1998: 168 -177.
[143] 霍布斯鲍姆, 兰格. 传统的发明[M]. 顾杭, 庞冠群,译. 南京:译林出版社, 2004: 1 -17.
[144] 韦伯. 论"理想类型"[A]. 谢立中. 西方社会社会学经典读本(上册)[C]. 北京: 北京大学出版社, 2008: 132 -148.
[145] 吉登斯. 资本主义与现代社会理论[M]. 郭忠华, 潘华凌,译. 上海: 上海译文出版社, 2007: 161 -165, 179 -181
[146] 韦伯. 社会科学方法论[M]. 李秋零, 田薇,译. 北京: 中国人民大学出版社, 1999.
[147] 威廉姆森. 资本主义经济制度——论企业签约与市场签约[M]. 段毅才, 王伟, 译. 北京:商务印书馆, 2002: 8 -10, 67 -90, 560 -561.
[148] WILLIAMSON O E. The theory of the firm as governance structure: from choice to contract[J]. Journal of economic perspectives, 2002, 16(3): 171 -195.
[149] MICHAEL H R, WILLIAMSON O E. Asset specificity and economic organization[J]. International journal of industrial organization, 1985, 3(85): 366 -368.
[150] JOSKOW P L. Vertical integration and long - term contracts: the case of coal - burning electric generating plants[J]. Journal of law, economics, & organization, 1985 (1):33 -80.
[151] MASTEN S E. The organization of production: evidence from the aerospace Industry[J]. Journal of law and economics, 1984, 27(2): 403 -417.
[152] LYONS B R. Specificity investment, economies of scale, and the make - or - buy decision: a test of transaction cost theory[J]. Journal of economic

behavior and organization, 1995, 26(3): 431 -443.

[153] MONTEVERDE K, TEECE D J. Supplier switching costs and vertical integration in the automobile industry[J]. The bell journal of economics, 1982, 13(13): 206 -213.

[154] LIEBERMAN M B. Determinants of vertical integration: an empirical test [J]. The journal of industrial economics, 1991, 39(5): 451 -466.

[155] MASTEN S E, MEEHAN J W, SNYDER E A. The cost of organization [J]. Journal of law, economics, & organization, 1991 (1): 1 -25.

[156] NICKERSON J A. Why aren't all truck drivers owner - operator? Asset ownership and the emplooyment relation in interstate for - hire trucking [J]. Journal of economics & management strategy, 2003, 12(1): 91 -118.

[157] BENITO A, MANUEL G D, ALBERTO F. Determinants of organizational form: transaction costs and intitutions in the European trucking industry [J]. Industrial and corporate change, 2004 (6): 867 -882.

[158] KLEIN B, ALCHIAN A A. Vertical integration, appropriable rents, and the competitive contracting process [J]. Journal of law and economics, 1978, 21(2): 297 -326.

[159] BAKER G, GIBBONS R, MURPHY K J. Relational contracts and the theory of the firm[J]. The quarterly journal of economics, 2002 (2): 39 -84.

[160] 贾春增. 外国社会学史(修订本)[M]. 北京: 中国人民大学出版社, 2000: 108 -110.

[161] 邓伟志. 社会学辞典[M]. 上海: 上海辞书出版社, 2009: 62.

[162] 瑞泽尔. 当代社会学理论及其古典根源[M]. 杨淑娇, 译. 北京: 北京大学出版社, 2005: 27.

[163] 布劳, 梅耶. 现代社会中的科层制[M]. 马戎, 石宪明, 邱泽奇, 译. 上海:学林出版社, 2001: 175.

[164] 毕瑟姆. 官僚制(第二版)[M]. 韩志明, 张毅, 译. 长春:吉林人民出版社, 2005: 4.

[165] DABHILKAR M. Trade - offs in make - buy decisions[J]. Journal of pur-

chasing & supply management, 2011, 17(3): 158 -166.

[166] LAI W H, CHANG P L. Corporate motivation and performance in R&D alliances[J]. Journal of business research, 2010, 63(5): 490 -496.

[167] WERNERFELT B. Aresource - based View of the firm[J]. Strategic management journal, 1984, 5(5): 171 -180.

[168] BARNEY J B. Resource - based theories of competitive advantage: a ten - year retrospective on the resource - based view[J]. Journal of management, 2001, 27(6): 643 -650.

[169] BARNEY J B. Firm resources and sustained competitive advantage[J]. Journal of management, 1991, 17(1): 99 -120.

[170] 伍春来，赵剑波，王以华. 基于战略管理的股权激励研究:资源基础观视角[J]. 科学学与科学技术管理，2009，30(6)：160 -165.

[171] BROOKING A, BOARD P, JONES S. The predictive potential of intellectual capital[J]. International journal of technology management, 1998, 16: 115 -125.

[172] WRIGHT P M, DUNFORDB B, SNELL S A. Human resources and the reource based view of the firm[J]. Journal of management, 2001, 27(6): 701 -721.

[173] WIDENER S K. An empirical investigation of the relation between the use of strategic human capital and the design of the management control system [J]. Accounting, organization and society, 2004, 29(3 -4): 377 -399.

[174] 赵曙明. 中国人力资源管理的转变历程与展望[J]. 人力资源管理，2009 (10)：22 -25.

[175] SUN M, TSE E. The resource - based view of competitive advantage in tow - sided markets[J]. Journal of management studies, 2009, 46(1): 45 -64.

[176] 周其仁. 市场里的企业:一个人力资本与非人力资本的特别合约[J]. 经济研究，1996 (6)：71 -80.

[177] CECCHINI M, LEITCH R, STROBEL C. Multinational transfer pricing: a transaction cost and resource based view[J]. Jounal of accounting literature, 2013, 31(3): 31 -48.

[178] 李青原，王永海. 资产专用性、资产一体化与公司并购绩效的实证研究[J]. 经济评论，2007 (2)：90 -95.

[179] PALAY T M. Avoiding regulatory constraints：contracting safeguards and the role of informal agreements[J]. Journal of law，economics and organization，1985，1(1)：155 -176.

[180] 吴爱华，苏敬勤. 人力资本专用性、创新能力与新产品开发绩效——基于技术创新类型的实证分析[J]. 科学学研究，2012 (6)：950 -960.

[181] WANG H C，HE J，MAHONEY J T. Firm - specific knowledge resources and competitive advantage：the roles of economic and relationship - based employee governance mechanisms [J]. Strategic management journal，2009，30(12)：1265 -1285.

[182] 王钟伟. 二战以来美国的科技政策及其启示[J]. 理论学刊，2005 (4)：91 -92.

[183] 尚智丛，陈晨. 国家目标对大科学装置发展的影响——以美国康奈尔同步辐射光源为例[J]. 自然辩证法研究，2010 (12)：54 -61.

[184] 王瑾. 西方社会运动研究理论评述[J]. 国外社会科学，2006 (2)：45 -52.

[185] 石大建，李向平. 资源动员理论及其研究维度[J]. 广西师范大学学报(哲学社会科学版)，2009 (6)：22 -26.

[186] 朱海忠. 西方“政治机会结构”理论评述[J]. 国外社会科学，2011 (6)：22 -26.

[187] EISINGER P K. The conditions of protest in American cities[J]. American political science review，1973，67(1)：11 -28.

[188] 蒂利. 社会运动：1768 -2004[M]. 胡位钧，译. 上海：上海人民出版社，2009：4.

[189] 杨灵. 社会运动的政治过程——评《美国黑人运动的政治过程和发展(1930 - 1970)》[J]. 社会学研究，2009 (1)：230 -241.

[190] 洛佩慈，斯科特. 社会结构[M]. 允春喜，译. 长春：吉林人民出版社，2007：4 -7.

[191] 涂尔干. 宗教生活的基本形式[M]. 渠东，汲喆，译. 上海：上海人民出版社，2006：302 -305，412 -417.

[192] RUBIN P H. The theory of the firm and the structure of the franchise contract[J]. The journal of law and economics, 2009, 21(1): 223 -233.

[193] JONES C, BORGATTIS P. Agereral theory of network governance: exchange conditions and social mechanisms[J]. Academy of management review, 1997, 22(4): 911 -945.

[194] HAGEDOORN J. Inter - firm R&D partnerships: an overview of major trends and patterns since 1960[J]. Research policy, 2002, 31(4): 477 - 492.

[195] MAYER K J, TEECE D J. Unpacking strategic alliance: the structure and purpose of alliance versus supplier relationships[J]. Journal of economic behavior & organization, 2008, 66(1): 106 - 127.

[196] SMITH S R. Hybridization and nonprofit organizations: the governance challenge[J]. Policy and society, 2010, 29(3):219 -229.

[197] FAEMS D, JANSSENS M, MADHOK A, et al. Toward an integrative perspective on alliance governance: connecting contract design, trust dynamics, and contract application[J]. Academy of management journal, 2008, 51(6): 1053 -1078.

[198] 霍奇逊. 制度与演化经济学现代文选:关键性概念[M]. 贾根良, 徐尚, 王晓蓉, 等译. 北京:高等教育出版社, 2005: 7 -9.

[199] 张五常. 交易费用的范式[J]. 社会科学战线, 1999 (1): 1 -9.

[200] 贾根良, 刘辉锋. 科学经济学的兴起与最新发展[J]. 国外社会科学, 2003 (2): 32 -38.

[201] 叶继红. “科学家”职业的演变过程及其社会责任[J]. 自然辩证法研究, 2000, 16(12): 46 -50.

[202] 王刚. “看不见的手”与科学规则——科学经济学视野下的科学规范观[J]. 科学学研究, 2007, 25(5): 836 -841.

[203] LEONARD T C. Reflection on rules in science: an invisible - hand perspective[J]. Journal of economic methodology, 2002, 9(2): 141 -168.

[204] 贾宝余, 刘红. 科研道德失范行为的经济学解读[J]. 科学学研究, 2013, 31(6): 813 -817, 828.

[205] 陈光. 新科学经济学的发展前景[J]. 科学学与科学技术管理, 2014,

35(4)：21－25.

[206] 李醒明. 科学家的道德责任：限度与困境[J]. 学术研究，2012（1）：1－11.

[207] 欧阳锋. “看不见的手”与科学的繁荣[J]. 自然辩证法通讯，2007，29(2)：94－97.

[208] 张钢. 论科学文化的效率观[J]. 自然辩证法研究，2000，16(8)：34－39.

[209] 方环非，陈敬良. 优先权理论对现代人力资源管理的启示——从默顿的“科学发现的优先权”理论说开去[J]. 科学学研究，2005，23(B12)：29－34.

[210] 教育部重大科技基础设施研究组. 教育部属高等学校重大科技基础设施规划建设与运行管理研究[R]. 未公开出版，2012.

[211] 申丹娜. 大科学与小科学的争论评述[J]. 科学技术哲学研究，2009，26(1)：101－107.

[212] LAMBRIGH W H. Managing big science：a case study of the human genome project[EB/OL]. (2002－03)[2013－07－26]. http://www.businessofgovernment.org/report/managing－big－science－case－study－human－genome－project.

[213] 布朗，麦克唐纳. 原子弹秘史[M]. 董斯美，张常人，张金言，等译. 北京：原子能出版社，1986：10－11，40－42，44，46－47，51－57，61－67，69－70.

[214] 张维迎. 大学的逻辑(第三版)[M]. 北京：北京大学出版社，2004：1.

[215] CHRISTENSEN T. University governance reforms：potential problems of more autonomy? [J]. Higher education，2011，62(4)：503－517.

[216] COLLIS D J，MONTGOMERY C A. Corporate strategy：resources and the scope of the firm[M]. Columbus：The McGraw Hill Companies，1997：45－123，143－147.

[217] 程宏伟. 隐形契约、专用性投资与资本结构[J]. 中国工业经济，2004(8)：105－110.

[218] 刘宇，周光，胡阳. 中国高校过度负债现象研究的发展和评价[J]. 科学学与科学技术管理，2008，29(6)：125－128.

[219] 王冠华. 晚近西方社会运动研究[J]. 东岳论丛, 2006, 27(5): 19-29.

[220] 恩格尔曼, 高尔曼. 剑桥美国经济史(第二卷):漫长的19世纪[M]. 高德步, 王钰, 译. 北京:中国人民大学出版社, 2008: 281-284.

[221] 恩格尔曼, 高尔曼. 剑桥美国经济史(第三卷):20世纪[M]. 高德步, 王钰, 译. 北京:中国人民大学出版社, 2008: 2, 29-30, 585-593, 649-652.

[222] 哈巴库克, 波斯坦. 剑桥欧洲经济史(第六卷):工业革命及其以后的经济发展-收入、人口及技术变迁[M]. 王春法,译. 北京:经济科学出版社, 2002: 335.

[223] GOSLING F G. The manhattan project: making the atomic bomb[M]. Washington: United States Department of Energy, 1999: 3-7, 9-10, 12-14, 36, 38-39, 47, 55-57.

[224] 格罗夫斯. 现在可以说了:美国首批原子弹制造简史[M]. 钟毅, 何纬, 译. 北京:原子能出版社, 1991: 1-13.

[225] 吴必康. 权力与知识: 英美科技政策史[M]. 福州:福建人民出版社, 1998: 356-363, 486-498.

[226] 夏劲. 阿波罗登月计划的制定与实施及其启示[J]. 科技进步与对策, 1996(4): 58-60.

[227] 对阿波罗计划的历史回顾. [EB/OL](2010-09-26)[2014-09-18]. http://www.cnsa.gov.cn/n1081/n7634/n244209/n248372/258754.html.

[228] LANE N. US science and technology: an uncoordinated system that seems to work[J]. Technology in society, 2008, 30(s 3-4): 248-263.

[229] 莫克. 公司治理的历史:从家族企业集团到职业经理人[M]. 许俊哲, 译. 上海:格致出版社, 上海人民出版社, 2011: 43, 51-52, 120.

[230] Committee on National Laboratories and Universities, National Research Council. National laboratories and universities[R]. Washington, D. C.: The National Academies Press, 2005.

[231] ALICE L B. A history of the atomic energy commission[R]. U. S. Department of Energy, 1983: 1-2.

[232] HAROLD O. The nonprofit research institute: its origin, operation, problems, and prospects[M]. New York: McGraw - Hill, 1972: ix.

[233] BRUCEC D, Timothy D M. The rise of federally funded research and development centers[R]. Sandia National Laboratories, 2000.

[234] 阿利克, 布兰斯科姆, 卡特,等. 美国21世纪科技政策[M]. 华宏勋, 吴展, 华红慈, 译. 北京:国防工业出版社, 1999: 1 - 27, 42 - 52.

[235] United States Government Accoutability Office. DOE's policies and practices in competing research laboratory contracts[DB/OL]. (2003 - 7 - 10)[2014 - 8]. http://gao.gov/products/GAO - 03 - 932T.

[236] The Secretary of Energy. Policy regarding the competition of contracts to manage and operate its national laboratories[R]. U. S. Department of Energy, 2009.

[237] 渠敬东. 项目制:一种新的国家治理体制[J]. 中国社会科学, 2012 (5): 113 - 130.

[238] 李路路, 苗大雷, 王修晓. 市场转型与"单位"变迁:再论"单位"研究[J]. 社会, 2009, 29(4): 1 - 25.

[239] 路风. 单位:一种特殊的社会组织形式[J]. 中国社会科学, 1989 (1): 71 - 88.

[240] 李路路. 论"单位"研究[J]. 社会学研究, 2002 (5):23 - 32.

[241] 刘平, 王汉生, 张笑会. 变动的单位制与体制内的分化——以限制介入性大型国有企业为例[J]. 社会学研究, 2008 (3):56 - 78.

[242] LAZEAR E P, ROSEN S. Rank - order tournaments as optimum labor contracts[J]. The journal of political economy, 1979, 89(5): 841 - 846.

[243] 周黎安. 中国地方官员的晋升锦标赛模式研究[J]. 经济研究, 2007 (7): 36 - 50.

[244] 乔坤元. 我国官员晋升锦标赛机制: 理论与证据[J]. 经济科学, 2013 (1): 88 - 98.

[245] 王剑锋, 顾标, 邓宏图, 等. "锦标赛"增长模式的来源与演变:一个经济史分析[J]. 江苏社会科学, 2014 (4): 37 - 45.

[246] 陈潭, 刘兴云. 锦标赛体制、晋升博弈与地方剧场政治[J]. 公共管理学报, 2011, 8(2): 21 - 33.

[247] 周飞舟. 锦标赛体制[J]. 社会学研究, 2009 (3): 54 - 77.

[248] 黄宗智, 龚为纲, 高原. “项目制”的运作机制和效果是“合理化”吗? [J]. 开放时代, 2014 (5): 143 - 159.

[249] 渠敬东, 周飞舟, 应星. 从总体支配到技术治理——基于中国30年改革经验的社会学分析[J]. 中国社会科学, 2009 (6):104 - 127.

[250] 周飞舟. 财政资金的专项化及其问题——兼论“项目治国”[J]. 社会, 2012, 32(1): 1 - 37.

[251] 赵炬明. 精英主义与单位制度——对中国大学组织与管理的案例研究[J]. 北京大学教育评论, 2006 (1): 173 - 191.

[252] 姚荣. 大学治理的“项目制”:成效、限度及其反思[J]. 江苏高教, 2014 (3): 12 - 16.

[253] 阎光才. 学术等级系统与锦标赛制[J]. 北京大学教育评论, 2012, 10 (3): 8 - 23.

[254] 刘戟锋, 刘艳琼, 谢海燕. 两弹一星工程与大科学[M]. 济南:山东教育出版社, 2004: 36, 41 - 45, 74 - 75, 121.

[255] 刘易斯, Xue L. 中国原子弹的制造[M]. 北京:原子能出版社, 1991: 123, 145 - 146.

[256] 聂荣臻. 聂荣臻回忆录[M]. 北京:解放军出版社, 1986: 791.

[257] 钱斌. 新中国科技管理体制的形成[J]. 当代中国史研究, 2010 (3): 44 - 51.

[258] 罗伟. 中国科学院在中国科研体制中的地位和作用[J]. 自然辩证法通讯, 1981 (3): 25 - 30.

[259] 姚蜀平. 中国科学院的筹备与建立[J]. 中国科技史料, 1989 (3): 56 - 65.

[260] 孙玉麟. 中国科学院改革的回顾与评价[J]. 科学学研究, 1987 (3): 85 - 92.

[261] 国家统计局社会和科技统计司. “十一五”经济社会发展成就系列报告之十五: 科技发展成果丰硕[EB/OL]. (2011 - 03 - 11)[2014 - 09 - 05]. http://www.stats.gov.cn/tjfx/ztfx/sywcj/t20110311_402709774.htm.

[262] 任保平. 中国经济增长质量的观察与思考[J]. 社会科学辑刊, 2012

(2):80 - 85.

[263] 本刊特约评论员. 中国经济增长"瓶颈效应"凸显[J]. 金融与经济, 2011 (6):1.

[264] 索托. 资本的秘密[M]. 于海生,译. 北京:华夏出版社, 2007: 29 - 30.

[265] 中国人民大学宏观经济分析与预测课题组. 我国宏观经济步入新常态、新阶段[J]. 宏观经济管理, 2015, 31(1): 11 - 15.

[266] 王宏波. 论社会工程学的意义、内容与学科特征[J]. 西安交通大学学报(社会科学版), 2011 (1): 65 - 73.

[267] 郑中玉, 王雅林. 作为社会工程的道德重建——基于对涂尔干社会理论的理解[J]. 社会科学战线, 2012 (5): 155 - 163.